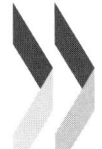

農業環境公共財と共同行動

OECD編　植竹哲也訳

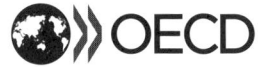

OECD Providing Agri-environmental Public Goods through Collective Action

筑波書房

経済協力開発機構（OECD）

経済協力開発機構（OECD: Organisation for Economic Co-operation and Development）は、民主主義を原則とする34か国の先進諸国が集まる唯一の国際機関であり、グローバル化の時代にあって経済、社会、環境の諸問題に取り組んでいる。OECDはまた、コーポレート・ガバナンスや情報経済、高齢化等の新しい課題に先頭になって取り組み、各国政府の新たな状況への対応を支援している。OECDは各国政府がこれまでの政策を相互に比較し、共通の課題に対する解決策を模索し、優れた実績を明らかにし国内及び国際政策の調和を実現する場を提供している。

OECD加盟国は、オーストラリア、オーストリア、ベルギー、カナダ、チリ、チェコ、デンマーク、エストニア、フィンランド、フランス、ドイツ、ギリシャ、ハンガリー、アイスランド、アイルランド、イスラエル、イタリア、日本、韓国、ルクセンブルグ、メキシコ、オランダ、ニュージーランド、ノルウェー、ポーランド、ポルトガル、スロバキア、スロベニア、スペイン、スウェーデン、スイス、トルコ、英国、米国である。欧州委員会もOECDの活動に参加している。

OECDが収集した統計や、経済、環境、社会の諸問題に関する研究成果は、加盟各国の合意に基づく条約、指標、原則と同様にOECD出版物として広く公開されている。

本書は英語及びフランス語で出版された原書の一部を日本語訳したものである。原書と本書の翻訳に相違がある場合は、原書の文が有効なものとなる。
本書と本書内の地図はいかなる領域の状況や主権、国境線や境界の限界、領域、市及び地域の名称について予断を与えるものではない。

イスラエルに関する統計データは関連するイスラエル当局の責任の下、提供されたものである。OECDによる当該データの使用は国際法に基づくゴラン高原、東エルサレム、ヨルダン川西岸地区のイスラエル入植地区の状況について予断を与えるものではない。

本書は以下の表題で出版された原書（英語及びフランス語）の一部を
日本語訳したものである。
Providing Agri-environmental Public Goods through Collective Action
La fourniture de biens publics agro-environnementaux par l'action collective
© 2013, Organisation for Economic Co-operation and Development (OECD), Paris.
All rights reserved

For the Japanese translation
© 2014 OECD for the Japanese translation.

序文

　本書『農業環境公共財と共同行動』は、生物多様性や農村景観等、農業による公共財の供給を促進する上で共同行動がどの程度効果的であるかを明らかにするため、OECD加盟国の事例について分析したものであり、13か国(オーストラリア、ベルギー、カナダ、フィンランド、フランス、ドイツ、イタリア、日本、オランダ、ニュージーランド、スペイン、スウェーデン、英国)における25の事例を分析している。本書は、農業や天然資源に関する多くの問題に対処する手段として共同行動が真剣に検討されるべきであり、場合によっては積極的に推進されるべきであることを明らかにしている。

　本プロジェクトは、OECDの農業委員会及び環境政策委員会の下部組織である農業・環境合同作業部会(JWPAE)の下で実施された。JWPAEは2013年3月、本書の機密指定を解除することを承認した。

　本書は植竹哲也(OECD貿易農業局環境課農業政策アナリスト)が執筆した。また、各国の事例研究は以下のOECDスタッフ及び外部コンサルタントが執筆した。(敬称略)

オーストラリア	Charles Willcocks(前ナショナル・ランドケア・プログラム・マネージャー)
日本	荘林　幹太郎(学習院女子大学国際文化交流学部)
ベルギー	Evy Mettepenningen, Guido Van Huylenbroeck(ゲント大学農業経済学部)
オランダ	Paul Terwan(農業コンサルタント)
カナダ	植竹　哲也

ニュージーランド	植竹　哲也
フィンランド	Anne-Mari Ventelä（ピュハ研究所）
スペイン	José A. Gómez-Limón（コルドバ大学農業経済・社会学・政策学部）
フランス	Gilles Grolleau（モンペリエSup Agro, LAMETA）
スウェーデン	Fredrik Holstein（スウェーデン農業科学大学経済学部）
ドイツ	Heike Nitsch（環境研究センター）, Bernhard Osterburg（Johann Heinrich von Thünen-Institut 農村研究所）
英国	Laurence E.D. Smith（ロンドン大学開発環境センター）
イタリア	Francesco Vanni, Stefano Trione, Patrizia Borsotto, Monica Caggiano（イタリア国立農業経済研究所）

　各国の章の末尾には個別に謝辞が記されている。貴重なコメントをいただいた木南莉莉（新潟大学）、佐々木宏樹、武元将忠（農林水産省）の各氏、及び原稿の編集をお願いしたMichèle Patterson氏（OECD貿易農業局）に対して事務局より御礼を申し上げる。また、原稿の最終チェックをお願いしたAlison Burrell氏（経済コンサルタント）には特に御礼を申し上げる。Dale Andrew氏（OECD貿易農業局）には全体的なアドバイスを、Françoise Bénicourt（OECD貿易農業局）とMichéle Pattersonの両氏には出版関連の準備をお願いした。

目次

要旨 …………………………………………………………………………… 15

第1部　共同行動による農業環境公共財の供給

第1章　各国の経験を通じた農業環境公共財の理解 …………… 27
- 1.1. 本書の目的 ………………………………………………… 30
- 1.2. 方法論 ……………………………………………………… 30
- 1.3. 構成 ………………………………………………………… 37
- 1.4. 農業環境公共財とは ……………………………………… 37
- 1.5. 農業環境公共財と外部性 ………………………………… 39
- 1.6. 公共財のための農業環境政策 …………………………… 43
- 注 …………………………………………………………………… 46
- 付録I.A. 事例研究の概要 ………………………………………… 47
- 参考文献 …………………………………………………………… 72

第2章　共同行動と農業環境公共財の関係 …………………… 75
- 2.1. 共同行動が供給する農業環境公共財 …………………… 79
- 2.2. 共同行動とその参加者 …………………………………… 90
- 2.3. 共同行動の活動開始 ……………………………………… 95
- 2.4. 共同行動のメリット ……………………………………… 97
- 2.5. 共同行動の課題 …………………………………………… 103
- 2.6. 共同行動の主な成功要因 ………………………………… 110

注 …………………………………………………………………138
　　参考文献 ……………………………………………………140

第3章　農家行動と共同行動 ……………………………………149
　3.1.　農家行動と行動経済学 ……………………………………151
　3.2.　ソーシャル・キャピタル、農家行動、共同行動 ………158
　　注 …………………………………………………………………166
　　参考文献 ……………………………………………………167

第4章　共同行動の促進と政策提言 ……………………………171
　4.1.　政府の支援がある場合とない場合の共同行動 …………173
　4.2.　共同行動と政策 ……………………………………………178
　4.3.　共同行動の費用対効果 ……………………………………190
　4.4.　政策提言 ……………………………………………………193
　　注 …………………………………………………………………201
　　参考文献 ……………………………………………………203

第2部　OECD加盟国で実施されている共同行動の理解

第5章　共同行動の事例研究：オーストラリア ……………（省略）
　5.1.　オーストラリアにおけるランドケア
　5.2.　マルグレーブ・ランドケア・キャッチメントグループ
　5.3.　ホルブルック・ランドケア・ネットワーク
　　注
　　参考文献

第6章　共同行動の事例研究：ベルギー ……………………（省略）
 6.1. ベルギーの農家による公共財の供給
 6.2. 事例研究
 6.3. 結論
 注
 参考文献

第7章　共同行動の事例研究：カナダ ………………………（省略）
 7.1. サスカチュワン州における農業環境グループ・プラン
 7.2. ビーバーヒルズ・イニシアチブ
 注
 参考文献

第8章　共同行動の事例研究：フィンランド ………………（省略）
 8.1. 事例研究：ピュハ湖
 8.2. 共同行動と公共財の供給
 8.3. ピュハ湖での共同行動に影響を与える要因
 8.4. 共同行動の政策
 注
 参考文献

第9章　共同行動の事例研究：フランス ……………………（省略）
 9.1. 概要
 9.2. 共同行動と供給される公共財
 9.3. 共同行動の成功要因

9.4. 共同行動の政策
9.5. 結論
注
参考文献

第10章　共同行動の事例研究：ドイツ ……………………………………（省略）
10.1. ランドケア協会
10.2. ニーダーザクセン州における飲料水の保全協力
10.3. アイダー渓谷の湿地帯復元
注
参考文献

第11章　共同行動の事例研究：イタリア ……………………………………（省略）
11.1. トスカーナ州における保全管理
11.2. カンパニア州のコミュニティガーデン
11.3. アオスタ渓谷における山間牧草地の管理
11.4. 終わりに
注
参考文献

第12章　共同行動の事例研究：日本……………………………………211
12.1. 事例 …………………………………………………………………213
12.2. 比較分析 ……………………………………………………………225
注 ………………………………………………………………………228
参考文献 ………………………………………………………………229

第13章　共同行動の事例研究：オランダ ································· （省略）
  13.1.　事例の概要
  13.2.　共同行動
  13.3.　共同行動に影響する要因
  13.4.　共同行動の費用対効果
  13.5.　共同行動に対する政府の政策
  注
  参考文献

第14章　共同行動の事例研究：ニュージーランド ························· （省略）
  14.1.　持続可能な農業基金
  14.2.　東海岸林業プロジェクト
  14.3.　北オタゴ灌漑会社
  注
  参考文献

第15章　共同行動の事例研究：スペイン ································· （省略）
  15.1.　コミュニティでの農業用水管理
  15.2.　動物の疾病防止のための適正農業管理
  15.3.　終わりに
  注
  参考文献

第16章　共同行動の事例研究：スウェーデン ····························· （省略）
  16.1.　事例研究：ゾーネマッド
  16.2.　共同行動：ゾーネマッド牧畜協会

16.3. 共同行動により供給される財とサービス
16.4. 共同行動に影響する要因
16.5. 共同行動に対する政府の政策
16.6. 結論
注
参考文献

第17章　共同行動の事例研究：英国……………………………（省略）
17.1. 概要
17.2. 水資源保護の課題と共同行動による公共財供給の必要性
17.3. 分析の枠組み：水資源保護政策の構造と生態系サービスへの支払い及び共同行動
17.4. 公共財供給のための生態系サービスへの支払い、共同行動、支援要因
17.5. 生態系サービスへの支払いと共同行動に関する政策及び制度面での懸念事項
注
参考文献

付録A　ゲーム理論と共同行動………………………………233
A.1. 囚人のジレンマ……………………………………233
A.2. 繰返しゲーム………………………………………234
A.3. 特権ゲーム…………………………………………236
A.4. 協調ゲーム…………………………………………237
A.5. 拘束力のある契約…………………………………238
参考文献………………………………………………240

表

表1.1.	OECD加盟国における共同行動の事例研究	32
表1.2.	農業環境公共財の分類	42
表2.1.	各事例において対象とされている農業環境公共財と負の外部性	86
表2.2.	事例研究における共同行動と参加者	92
表2.3.	農家主導、非農家主導、政府主導による共同行動の例	94
表2.4.	共同行動における取引費用	107
表2.5.	共同行動の主な成功要因	112
表2.6.	事例研究における集団の規模	121
表4.1.	政府の支援と共同行動の典型的な4つのケース	176
表4.2.	各事例における政府の介入形態	177
表4.3.	政策と共同行動の類型	179
表4.4.	ヴィッテルが検討した水源保全のための代替手段	191
表5.1.	関係者の役割（マルグレーブ・ランドケア）（省略）	
表5.2.	関係者の役割（ホルブルック・ランドケア）（省略）	
表7.1.	農業環境プラン（単独行動）と農業環境グループ・プラン（共同行動）の比較（省略）	
表7.2.	共同行動に影響する要因（サスカチュワン州における農業環境プランと農業環境グループ・プラン）（省略）	
表7.3.	関係者の役割（省略）	
表7.4.	共同行動に影響する要因（ビーバーヒルズ・イニシアチブ）（省略）	
表8.1.	ピュハ湖復元プログラム諮問委員会　（省略）	
表8.2.	ピュハ湖復元プログラムの設立者及び資金提供者（省略）	
表9.1.	ヴィッテルが検討した水源保全の代替手段（省略）	

表9.2.	1988年時点の農家の特徴（概要）（省略）	
表9.3.	農家の主な義務（省略）	
表9.4.	多面的インセンティブパッケージ（省略）	
表9.5.	契約締結によりヴィッテルが最初の7年間に負担する費用（省略）	
表10.1.	ランドケア協会に関する様々な参加者の役割（省略）	
表10.2.	ニーダーザクセン州における飲料水の保全協力に関する様々な参加者の役割（省略）	
表10.3.	アイダー渓谷の湿地帯復元における様々な参加者の役割（省略）	
表11.1.	イタリアにおける事例研究（省略）	
表11.2.	トスカーナ州の保全に関する共同行動に影響を及ぼす要因（省略）	
表11.3.	カンパニア州のコミュニティガーデンでの共同行動に影響を及ぼす要因（省略）	
表11.4.	アルタ・ヴァル・アヤスの山間牧草地に関する共同行動に影響を及ぼす要因（省略）	
表12.1.	土地改良区のリスト（2011年）	220
表12.2.	事例の概要：比較分析	226
表13.1.	野鳥保護における関係者の役割（省略）	
表13.2.	共同行動に影響する要因（オランダの事例）（省略）	
表14.1.	アオレレプロジェクト（省略）	
表14.2.	関係者の役割（アオレレ）（省略）	
表14.3.	共同行動に影響する要因（アオレレ）（省略）	
表14.4.	関係者の役割（東海岸林業プロジェクト）（省略）	
表14.5.	共同行動に影響する要因（東海岸林業プロジェクト）（省略）	
表14.6.	関係者の役割（北オタゴ灌漑会社）（省略）	
表14.7.	共同行動に影響する要因（北オタゴ灌漑会社）（省略）	

表16.1.　共同行動に影響する要因（スウェーデンの事例）（省略）
表17.1.　汚染拡大防止政策の構造（省略）
表　付録A.1.　ゲーム1（囚人のジレンマ）……………………………234
表　付録A.2.　ゲーム2（特権ゲーム）……………………………236
表　付録A.3.　ゲーム3（協調ゲーム）……………………………237
表　付録A.4.　ゲーム4（制裁）……………………………238

図

図0.1.	共同行動のメリット、課題及び主な成功要因 ……………	21
図1.1.	農業生産と農業環境公共財／外部性 ………………………	38
図2.1.	共同行動の簡単な類型 ………………………………………	78
図2.2.	線形／非線形型公共財のモデル ……………………………	80
図2.3.	外部性を引き起こす農業活動のイメージ …………………	85
図3.1.	農家行動に影響を与える要因 ………………………………	153
図3.2.	プロスペクト理論 ……………………………………………	155
図3.3.	信頼、評判、互酬性と共同行動の関係 ……………………	161
図8.1.	ピュハ湖復元プログラム（省略）	
図8.2.	ピュハ湖復元プログラムの予算の推移　（省略）	
図12.1.	エコラベル ……………………………………………………	216
図12.2.	びわこ流域田園水循環推進事業に伴う農業排水サイクルの変更概略図 ……………………………………………………	218
図15.1.	スペインにおける家畜の代表的な疾病の罹患状況（2001年～2010年）（省略）	
図17.1.	集水域管理と水資源保護の分析・審議過程を組み込んだ管理サイクル（省略）	
図17.2.	政策アプローチの補完関係（省略）	
図17.3.	生態系サービスへの支払いスキームに必要な要素と共同行動に必要な参加者（省略）	
図　付録A.1.	ゲーム5（拘束力のある契約） ………………………	239

要旨

　農業は食料、飼料、繊維、燃料、娯楽（農村体験等）といったものの他に、農村景観や生物多様性といった公共財もある程度供給している。しかし同時に、農業は生物多様性や水質などの天然資源にマイナスの影響を及ぼすこともある。生物多様性の喪失や気候変動等により、環境問題に対する意識が高まっているなか、公共財の供給、そして農業活動から生じる負の外部性の削減を図ることは重要な政策課題となっている。

　これまでの公共財や農業環境政策に関する研究は、共同行動ではなく個々の農業者に焦点を当てるものであった。しかし、公共財の中には農業者による共同行動が必要なものもある。例えば、通常、農村景観の維持には同じ地域で働いている複数の農業者の協力が必要となる。つまり、公共財や外部性に関連する市場の失敗を克服するための方法として、個々の農業者を対象とする政策の実施に加え、共同行動を促進するための別のアプローチをとることが必要となりうる。

　本書の目的は、様々なOECD加盟国の例を通して、農業環境公共財に関する共同行動を促進するための手法について検討することにより、農業のもたらす外部性に適切に対処することである。本書では、13か国（オーストラリア、ベルギー、カナダ、フィンランド、フランス、ドイツ、イタリア、日本、オランダ、ニュージーランド、スペイン、スウェーデン、英国）における25の事例を分析している。本書は、農業と天然資源に関する多くの問題に対処する手段として、共同行動が真剣に検討されるべきであり、場合によっては積極的に推進されるべきであることを明らかにしている。

共同行動とは何か。共同行動が必要な場合とは何か。

　共同行動とは、ある集団が共通の利益を実現するためにとる行動のことである。本書ではさらに踏み込んで、「地域における農業に関する環境問題に対応するため、複数の農業者が、多くの場合非農家や組織と共に、連携してとる一連の行動」と定義している。共同行動は、農村景観、生物多様性、水質等、農業を通じた幅広い農業環境公共財の供給や、農業活動に関連して生じる負の外部性を削減する上で有効なものになりうる。また、共有資源（野生生物の生息地、貯水池等）の管理や、クラブ財（会員専用の水利施設等）の供給にも活用することができる。公共財が価値のあるものとなるためには、最小限の供給量が必要となるような場合もある。このような場合、共同行動によりこの閾値を超える規模での公共財の供給が可能となりうる。加えて、共同行動は、農家が環境にやさしい農法を取り入れる際にも役に立つ可能性がある。また、共同行動は、個々の農家の農地を越えて影響を及ぼしている外部性に対応する場合にも有効となる。本書で分析している事例の多くは、個々の農家の農地の境界を越えた町や郡といった規模での取組を展開している。

OECD加盟国で行われている共同行動にはどのようなものがあるのか。

　共同行動には様々な関係者－農家、市民、NGO、地方公共団体等－が参加している。共同行動には、農家主導のボトムアップ方式のものと、行政主導のトップダウン方式のものがある。民間企業やNGO等、非農家が仲介者やコーディネーターとしての役割を果たすこともある。しかし、通常は農家が集団の中心となり、共同行動に必要な労働力等を提供している。農家は革

新的な農法を取り入れて、農業環境公共財を供給したり、負の外部性を削減したりする。非農家は、共同行動に必要な知識と専門技術を提供し、関係者を結びつけ、集団の形成を支援することができる。また、非農家は、活動計画と運営の支援、コミュニケーションの促進、そして活動組織の支援を通じて、共同行動を支援することもできる。政府は参加者、非参加者のいずれの立場でも共同行動に貢献することができる。技術支援、資金調達プログラム、規制等の様々な政策手段を講じ、それぞれの地域で数多くの共同行動の取組を促進することが可能である。また、場合によっては政府自身も共同行動に参加し、その発展に必要な個別具体的なアドバイスを行うこともある。ほとんどの共同行動において、国や地方公共団体が支援を行っており、その多くで複数の政策（技術支援、農業環境支払い等）が同時に実施されている。

共同行動のメリットとはどのようなものか。

共同行動は、組織化されていない単独行動と比べて、いくつかのメリットを有している。第一に、法律上、行政上の境界を超え、個々の農家による、地理的、生態学的に適切な規模での資源管理や農作業を可能にする。共同行動では様々な農業環境公共財を効果的に供給することができる。第二に、共同行動は「規模の経済」と「範囲の経済」を有しており、農家が個別に供給する場合と比べて、農業環境公共財を低コストで供給することができる。共同行動が地域に適したアプローチを取り入れ、そのような取組を促すような場合には、農家が農法を変更することに伴い発生する費用も削減することができる。第三に、共同行動はメンバー間での知識の共有を促し、彼らの技術的能力を向上させることができる。その結果、個人が個別に行動する場合よりも、より大きな能力や資源を共有することができ、共同でプロジェクトを実施することが可能となる。最後に、共同行動は柔軟な形態をとることがで

き、メンバーも様々な知識とスキルを有していることから、国や個人では必ずしも適切に対処できない地域の問題にも取り組むことができる。共同行動は、様々な環境課題別に、これらの課題に対処する上で重要となる地域を特定し、農家、土地所有者、環境保護団体、地方公共団体に対して互いに協力して問題に対処する機会を提供することができる。

共同行動の課題とは何か。

　一方で、共同行動を進める上での障害も存在する。例えば、フリーライダー（ただ乗り）の存在は大きな問題となりうる。集団では自らが貢献しなくても他のメンバーの活動から便益を得ることが可能なため、集団活動に貢献しないメンバーが出てきてしまう傾向がある。しかし、実際には、利己主義的思想に基づく理論の下での仮定と比べて、農家は共同行動により自発的に参加していることに留意する必要がある。多くの場合、農家は近隣住民との協力を強く望んでいることから、彼らの間のコミュニケーションと協力をいかにして促進するかが重要な課題となる。また、共同行動により生じる取引費用（参加者の特定や合意形成のための費用等）も、そうした費用が特に初期段階で発生する場合に、共同行動の形成を阻害する要因になりうる。共同行動を適切に実施するためには、共同行動を通じてメンバーが得ることができる便益でそうした費用を賄う必要がある。そのため、共同行動に伴い発生する費用をいかにして減らすことができるかについて研究することが重要となる。また、共同行動に対する懐疑的な姿勢（個人主義、現状維持、認識、証拠の受容性等）が共同行動への阻害要因になる可能性もある。共同行動を促進するためには、その重要性に対する認識を高め、その潜在的意義を示す確固たる科学的な証拠を農家に提供することが重要となる。最後に、政策環境が不確実だと、農家が自発的に共同行動に取り組もうとする姿勢にマイナ

スの影響を及ぼす可能性もある。こうした不確実性は、農家に対して、支援や政策の将来の方向性についての不安を生じさせることとなる。

共同行動の主な成功要因は何か。

本書では、共同行動の主な成功要因を明らかにしている。これらは参加者が共同行動の障害を乗り越え、便益を増加させる上で役に立つ。これらの要因は、1）対象資源に関する特徴、2）そうした資源に依存する集団の特徴、3）集団の組織管理に関する特徴、4）集団と集団外の人々や政府との連携に関する特徴、の4つのグループに分類することができる。図0.1は、共同行動のメリット、阻害要因、主な成功要因の概要を図示している。

対象資源に関する特徴

- 共同行動では地域資源に関する正確な知識が必要である。
- 共同行動は地方公共団体の管轄区域の境界ではなく、野生生物の生息地や河川の流域等、対象とする環境資源の地理的境界に基づくべきである。
- 参加者に動機を与え、共同行動を継続するためには、共同行動や対象資源からの目に見える成果と明確な便益が必要である。

集団の特徴

- 共同行動は信頼と協力に基づくものであるため、農家の行動原理を理解することが重要である。いわゆるソーシャル・キャピタル（信頼、ネットワーク、組織の管理制度等の社会関係資本）は個人間の協力を促すことができる。また、良い評判、信頼、互酬性が存在することにより、協力関係をより高いレベルへと導くことができる。

- 比較的小規模な集団の場合、信頼の構築と共同行動の実施を図ることが容易である。一方、大規模かつ機能的な集団は「規模の経済」と「範囲の経済」を有しているため、効果的な作業と費用の削減を図ることが可能である。
- メンバーが多様な資質を有している場合、彼らが持っている能力や資源の相乗効果を生み出すことができる一方、共同行動を容易にするためにはメンバーのアイデンティティと利害関係が一致していることが重要である。
- 農家やその他の関係者（NGO等）によるリーダーシップは、より良い実績を上げるために不可欠である。
- 効果的なコミュニケーション、特に対面によるコミュニケーションは共同行動にとって重要である。
- 参加者は共同行動の目的を共有し、問題を理解する必要がある。

組織の管理制度

- 「杓子定規な」アプローチでは農家を共同行動に参加させることに失敗する恐れがある。このため、集団に対して自ら運営規則を策定することを認めることは、共同行動の成功に不可欠である。
- 集団の規模が大きい場合は、運営に関する健全なガバナンスを構築し、共同行動を支えることが重要となる。集団が正式な法人格を有していることが、組織の設立と財務基盤の強化につながる場合もある。
- フリーライダーと規則違反を防止するためには、通常、モニタリングと制裁が必要である。

外部環境

- 政府と非政府組織からの資金援助は、共同行動にとって重要である。

図0.1. 共同行動のメリット、課題及び主な成功要因

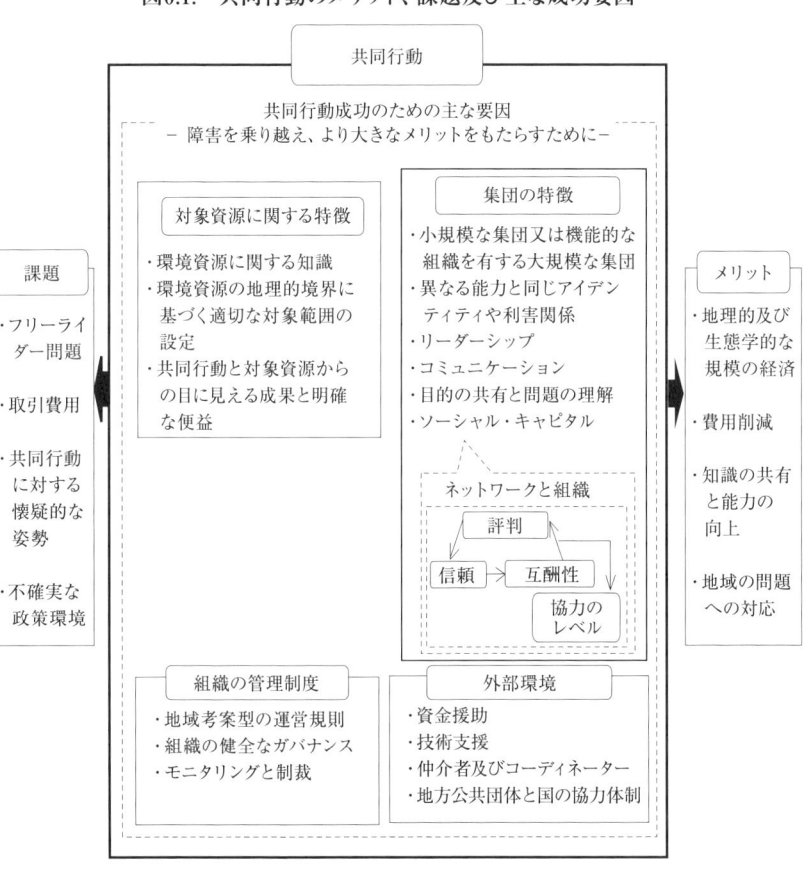

通常、共同行動の初期段階では単独行動と比べて高い取引費用が発生することから、特にその段階での資金援助が重要である。

- 地方公共団体からの助言等の技術支援は、関係者を結びつけ、共同行動を促進する上で役に立つ場合がある。研究開発、技術、イノベーションも農家にとって有益なものとなる可能性がある。
- 仲介者やコーディネーター（NGO、政府プログラムのスタッフ、研究

センター等）は、問題と政策に関する情報の提供、参加者間の連携の強化、スタッフの派遣、資金の提供等を通じて、共同行動を促進することができる。
- 地方公共団体と国との間で効果的な協力が行われることは、共同行動の促進のために重要である。通常、地方公共団体は地域の問題に関する豊富な知識を有している。一方、国は国家的なプログラムを通じて共同行動を奨励することができる。

共同行動の促進に必要な政策とは何か。

　農家は共同行動に伴う課題を自らの手で克服すべきであるが、場合によっては、外部からの科学的知識や技術的な情報の提供、資金援助といった支援が必要になることがある。農家が自らの手で共同行動を開始できない場合であって、共同行動から生じる総便益が総費用を上回る場合には、政府による支援が有効となる。

　公共財を供給する際、共同行動を促進する政策のほうが、個人の単独行動を対象とした政策よりも、適切な政策アプローチとなる場合がある。例えば、共同行動は地域の環境問題への対応に関して、その他の政策手段よりも適している場合がある。さらに、共同行動の方が取引費用を低く抑えることが可能な場合もある。特に、環境便益や損害についての市場取引システムを構築する場合と比べて、関連する取引費用を低く抑えることができる。様々な人が有する能力や資源を共有して、地域の問題や複雑かつ多面的な問題に取り組む必要がある際にも、共同行動は有益なものとなる。個々の農家がコントロールすることができる範囲を超えた地域の農業環境問題へ対応する必要がある場合、政府は共同行動を通じた政策の実施を真剣に検討すべきである。本書では以下の８つの政策提言を行う。

1. **共同行動を促進する政策は、政策設計の段階で真剣に検討されるべきである。**共同行動は、農業環境公共財と外部性への対応に効果的であることから、農業環境を改善する際の鍵となる可能性がある。農家が自発的に共同行動を開始できない場合であって、共同行動の便益が共同行動に伴い発生する費用を上回っている場合は、共同行動対策を講じるべきである。
2. **共同行動の促進には包括的なアプローチが必要である。**農家の行動は外部要因（金銭、労力）だけでなく、内部要因（慣習、認知プロセス）や社会的要因（社会的規範、文化的態度）にも左右される。共同行動の促進には、こうした要因を踏まえた包括的なアプローチが必要である。
3. **初期段階での支援、特に資金援助が重要である。**共同行動は、特にその初期段階において新たな取引費用の発生を伴う。したがって初期段階での支援、特に政府その他の外部組織による資金援助は共同行動を促進する上で効果的なものとなりうる。
4. **技術支援は農家の能力を向上させることができる。**科学的知識は天然資源を管理する上で重要である。政府その他の外部組織はそうした知識を提供し、農村社会と科学者のパートナーシップの構築を促進することができる。
5. **共同行動を促進する政策は社会的ネットワークや組織の管理制度を踏まえたものでなければならない。**一般的に農家は近隣住民と協力することに対して肯定的であるため、既存の社会的ネットワークを活用することにより、共同行動の発展や情報交換、能力や資源の共有を促すことができる。社会的規範や文化等の「制度化された」規約や手続といった組織の管理制度も共同行動に影響を与えることから、それらを効果的に政策設計に組み込む必要がある。
6. **仲介者やコーディネーターとの協力が重要である。**仲介者とコーディ

ネーターは、地域に関する知識の提供、関係者の間の適切なネットワークの構築、協力レベルの強化などに重要な役割を果たすことから、これらの潜在的価値を十分認識すべきである。

7. **地方公共団体と国との協力関係は不可欠である。**共同行動のほとんどは地域の問題を取り扱うものであるため、地方公共団体が重要な役割を果たすことが少なくない。各地の異なる条件にプログラムを適合させるためには柔軟性が必要である。一方、国は地方公共団体では不可能な大規模な支援を行うことができる。
8. **共同行動の費用対効果の評価にはさらなる研究が必要である。**環境目標が設定されたら、その目標は最小限の費用で達成されるべきである。共同行動は個々の農家の農地を越える一定の地域を対象とするものであることから、当該地域レベルでの成果を最小限の費用で達成する手段について検討する必要がある。しかし、共同行動やその他の農業環境政策の成果や結果についての比較研究や定量的な研究は、現時点ではほとんど存在しない。

第 1 部

共同行動による農業環境公共財の供給

第1章

各国の経験を通じた農業環境公共財の理解

本書では、OECD加盟13カ国（オーストラリア、ベルギー、カナダ、フィンランド、フランス、ドイツ、イタリア、日本、オランダ、ニュージーランド、スペイン、スウェーデン、英国）における事例研究を行うことにより、農業環境公共財のための共同行動を促進する方法について分析する。

農業は食料、飼料、繊維、燃料、娯楽（農村体験等）といったものの他に、農村景観や生物多様性といった公共財もある程度供給している。しかし同時に、農業活動は生物多様性や水質、土壌などの天然資源にマイナスの影響を及ぼすこともある。生物多様性の喪失や気候変動等により、環境問題に対する意識が高まっているなか、公共財の供給、そして農業活動から生じる負の外部性の削減を図ることは重要な課題となっている。こうした状況を背景に、2010年に開かれたOECD農業大臣会合で、担当大臣は以下の認識を共有するに至った。

「……、農村アメニティや生物多様性、農村景観の維持や農地環境保全機能といった公共財やサービスの供給の確保、そして農村振興を図ることを目的に、効果的かつ透明性のあるインセンティブ（奨励措置）や逆インセンティブ（制限措置）を設計することにより、社会全体の総費用と総便益を反映することができる」

また、OECDに対して次のことを要請した。

「……、農業が供給する公共財、私的財及びサービスに関するものを含め、内在する社会面及び環境面での費用や便益をよりよく反映させるようなインセンティブ（奨励措置）を与える政策オプションや市場アプローチを明らかにする」

これまで、OECDを含む多くの研究者や組織が、農業が供給する公共財と外部性及び関連する政策についての研究を行ってきた。ただし、これまでの研究は、個々の農家の単独行動に注目したものであり、公共財の供給に関する農家の共同行動の重要性について議論することはほとんどなかった（Ayer, 1997; Hodge and McNally, 2000）。しかし一部の公共財は、農家が共同で、あるいは協調的に行動することにより、より効果的に供給することができることが知られている（OECD、2012a）。生物多様性や農村景観は、個々の農地レベルでの取組よりも、より大規模な取組の方が効果的なものとなる

場合が多い。さらに、非特定汚染源負荷の問題に対応する際には、個々の農家の保有する農地を越えた規模での協調行動が必要となる。つまり、公共財や外部性に関する市場の失敗を克服するためには、共同行動をとる農家の集団や共同体（コンソーシアム）を対象とした政策が必要な場合もあると考えられる。

1.1. 本書の目的

本書の目的は、OECD加盟国の例を通じて、農業環境公共財と外部性を供給する共同行動を分析し、以下の点を明らかにすることである。

- 共同行動は、どのような場合やどのような農業環境公共財、外部性に必要となるのか。
- OECD加盟国で実施されている共同行動にはどのようなタイプのものがあるのか。
- 共同行動のメリットは何か。
- 共同行動の課題は何か。
- 共同行動の成功要因とその理由は何か。
- 共同行動を促進することができる政策手法は何か。

1.2. 方法論

本書は、既存の共同行動に関する文献及び農業環境公共財と外部性に関する研究に基づいている。また、政策担当者が必要とする優良事例と関連情報を集めるため、OECD加盟国13か国における25の事例について詳細な事例研究を行っている。

事例は、1）様々な国と地域から選択すること、2）中央・地方政府の役

割とその可能性を明らかにすることに注視しつつ、多様な種類の事例を選択すること、3）古典的な公共財の類型全般（純粋公共財、共有資源、クラブ財）及び負の外部性の例を適切にカバーすること、という3つの基準に従い選定した。その結果、13か国（オーストラリア、ベルギー、カナダ、フィンランド、フランス、ドイツ、イタリア、日本、オランダ、ニュージーランド、スペイン、スウェーデン、英国）から25の事例を選択した（**表1.1.**）。こうした広範な事例を研究することにより、共同行動が供給する公共財やそれにより減少した負の外部性、OECD加盟国で現在実施されている様々な共同行動の特性、そして共同行動を促進するのに役に立った具体的な政策の概要を明らかにすることができる。

表1.1. OECD加盟国における共同行動の事例研究(その1)

国名	シリアル番号	事例名	農業形態	公共財の内容／負の外部性の削減	概要
オーストラリア	AUS1	ランドケアプログラム：マルグレーブ・ランドケア・キャッチメントグループ	サトウキビ、バナナ、その他の熱帯性果実、牛	水辺と湿地帯の復元、水質改善、地下水管理	農家主体の当環境グループは、ここ数年、世界遺産であるグレートバリアリーフ近郊の集水域において天然資源の管理問題に取り組んでいる。
	AUS2	ランドケアプログラム：ホルブルック・ランドケア・ネットワーク	放牧(羊、牛)、乾燥地帯での耕作、林業	生物多様性の向上、ほ場内外での土壌侵食と乾燥地帯の塩度管理	主な天然資源の管理問題(野生生物の生息地消滅、乾燥地帯の塩化、土地侵食)に対処している。
ベルギー	BEL1	ドンメル渓谷における緩衝帯の戦略的設置	養豚、養鶏、乳牛の飼育	水質保全	ドンメル渓谷ウォータリング(農業用水管理の責務を担う地域組織)は、渓谷内の河川の水質改善に努めている。同団体は、地域の水路沿いに設置している緩衝帯の農家による管理を支援している。
	BEL2	アントワープ地域におけるビドゥパ(水道事業体)と農家による水質管理	養豚及び養鶏と乳牛飼育の組み合わせ	水質保全	ビドゥパは、地下水の水源地域及び水源地域周辺の保護区域にある自らの所有地を農家と協力しながら管理している。また、地域の農家の所有地内にある自然の管理も支援している。
カナダ	CAN1	サスカチュワン州における農業環境グループ・プラン	プレーリー地帯の様々な穀物と家畜	湿地帯保護(水質保全)、大気、土壌保全、生物多様性	サスカチュワン州の生産者の一部は、集団的に環境保護を行うリスク評価プログラムに参加することで、環境にやさしい農法を取り入れている。

表 1.1. OECD 加盟国における共同行動の事例研究（その 2）

国名	シリアル番号	事例名	農業形態	公共財の内容／負の外部性の削減	概要
カナダ	CAN2	ビーバーヒルズ・イニシアチブ（エドモントン近郊）	飼料、放牧、耕作地	天然資源管理、生物多様性	農村景観やその他の環境面の価値を脅かす強力な開発圧力に対処するため、様々な人々・組織が参加して知識を共有し、ビーバーヒルズ地域を保全するために必要となる科学的知見に基づいて戦略を策定している。
フィンランド	FIN1	ピュハ湖復元プロジェクト	穀物と野菜の集約栽培	水質保全	地域企業、地域社会及び湖の水質から恩恵を受けているその他の受益者が、自発的にピュハ湖の水質改善・維持活動を行っている。
フランス	FRA1	ボージュ地域におけるミネラルウォーター製造企業（ヴィッテル）と農家による水質保全	畜産物（牛乳、肉）及び穀物の生産	水質保全	ヴィッテルの水源地域で活動する農家の集団が、集約農業による非特定汚染を抑制するため、ヴィッテルと契約を締結し、農法を変更した。
ドイツ	DEU1	ランドケア協会（アルトミュール渓谷、バイエルン）	半自然の乾燥草原における粗放的放牧（羊）	農村景観、生物多様性、水質保全	地域の非営利団体であるランドケア協会では、農家、地方公共団体、政治家、自然保護の専門家が協力し、自然保護と土地管理を行っている。
	DEU2	ニーダーザクセン州における飲料水の保全協力	耕地作物（穀物、セイヨウアブラナ、テンサイ、ジャガイモ、サイレージ用トウモロコシ）	水質保全	ニーダーザクセン州において農家、水道事業体、技術指導員が協力し、飲料水の高い品質を維持、回復するための取組を行っている。

表 1.1. OECD 加盟国における共同行動の事例研究（その 3 ）

国名	シリアル番号	事例名	農業形態	公共財の内容／負の外部性の削減	概要
ドイツ	DEU3	アイダー渓谷の湿地帯復元	粗放的放牧（酪農、牛、馬）	生物多様性、栄養分の保持、農村景観、気候変動緩和	共同組織を立ち上げ、粗放的な農地利用の促進と水路の解体を図ることにより、アイダー渓谷における湿地帯の回復を目指している。
イタリア	ITA1	トスカーナ州における保全管理	高地農業（家畜、耕地作物、牧草地、森林管理）	水理地質学に基づく管理、その他の環境サービス	地方公共団体は、地元農家と契約し、トスカーナ州の河川、川床、河岸、運河の浄化といった環境サービスを共同で供給している。
	ITA2	カンパニア州のコミュニティガーデン	野菜（市民による生産）	耕作機会、公共緑地、生物多様性等の供給	2001年以降、地域の NGO は「エコ考古学パーク」と呼ばれるプロジェクトのコーディネートを行っており、荒廃した地域を、都市型庭園や優れた環境、社会生活を楽しむことができる共用の緑地スペースに転換している。
	ITA3	アオスタ渓谷における山間牧草地の管理	粗放的放牧	アルプスにおける牧草地管理、農村景観、生物多様性	山間部の草原牧草地の集団管理制度に、高山地域で放牧を成功させるためのルールと組織を導入することにより、農家が価値の高い公共財を供給している。
日本	JPN1	魚のゆりかご水田プロジェクト（滋賀県）	水稲栽培	生物多様性	生物多様性の保全を目的として、魚が水田まで遡上できるよう排水路の水位上昇に同意する農家に対して補助金を支給している。
	JPN2	びわこ流域田園水循環推進事業	水稲栽培	水質保全	多くの農家を代表する土地改良区と契約を締結し、農業排水の再生利用を目指している。

表1.1. OECD加盟国における共同行動の事例研究（その4）

国名	シリアル番号	事例名	農業形態	公共財の内容／負の外部性の削減	概要
日本	JPN3	農地・水保全管理支払交付金（旧農地・水・環境保全向上対策）	水稲栽培	水路の保全管理	農業資源と環境を保全するための日本最大の農業環境政策であり、集落単位の地域活動組織による水路等の保全管理活動を支援している。
オランダ	NLD1	水・土地・堤防協会（オランダ、ラーグ）	放牧（畜産）	生物多様性（野鳥）、農村景観	水・土地・堤防協会は農家及び非農家で構成されており、個々の状況に応じた生物多様性（野鳥）と農村景観の保全活動を行っている。
ニュージーランド	NZL1	持続可能な農業基金（アオレレ集水域プロジェクト）	酪農	イノベーション、農業用水管理、総合駆除等（アオレレ集水域プロジェクトの場合は水質保全）	持続可能な農業基金は農家、生産者、林業従事者による草の根活動に資金を提供している。「アオレレ集水域プロジェクト」は、酪農家等地域のメンバーが主導しており、持続可能な農業基金を活用して、持続可能な農業用水管理に関する複雑な問題に対処している。
	NZL2	東海岸林業プロジェクト（ギズボーン地方）	放牧、林業	土壌侵食の防止、炭素貯留、水質改善、生物多様性	土地所有者に資金を提供して共同行動を促進することにより、地域の土壌侵食を防止し、コントロールすることを目指している。
	NZL3	北オタゴ灌漑会社	畜産、穀物等	メンバーに対する信頼性の高い給水、生物多様性、文化的価値の促進	農家が北オタゴ灌漑会社を設立し、同会社が北オタゴ地域の灌漑計画の策定、管理、運営を行い、メンバーへの給水を行っている。

表 1.1. OECD 加盟国における共同行動の事例研究（その5）

国名	シリアル番号	事例名	農業形態	公共財の内容／負の外部性の削減	概要
スペイン	ESP1	コミュニティでの農業用水管理（グアダルキビル渓谷）	灌漑施設を利用した多年生及び一年生作物の栽培	灌漑施設の管理	灌漑コミュニティは、水利権を集団で付与された灌漑地区の所有者が設立したものであり、自ら定めた水利規則に従って、地域で灌漑施設を管理している。
	ESP2	動物保健協会（ペドロチェ郡）	家畜	会員が適正農業管理を共同で実施することにより、動物の疾病感染を防止	動物保健協会（現在スペイン国内に1500存在）は各地の畜産農家が結成したものであり、共通の動物健康プログラムを実施している。ペドロチェの動物保健協会はその代表例。
スウェーデン	SWE1	ゾーネマッド牧畜協会（スウェーデン西部）	粗放的放牧（乳牛、子牛）	湿地帯の管理、生物多様性	歴史的に農家による集団放牧が行われてきたゾーネマッド放牧地は、土地所有者と農家が設立したNGOにより管理されており、囲いの修復、維持のために環境支払いが交付されている。
英国	GBR1	「上流地域考察プロジェクト」（英国南西部）	家畜、酪農	水質保全、生物多様性、洪水防止機能、炭素貯留	優れた土地管理総合アプローチの一環として、河川集水域の保護に関する情報を土地所有者に伝達し、彼らの活動を補助する協力体制を構築することにより、原水の水質改善を図ることを目指している。

1.3. 構成

第1部は本書の総括を行う。第1章では、農業環境公共財について簡単に説明する。第2章では、共同行動と農業環境公共財の関係、共同行動によるメリット、共同行動の課題を議論し、共同行動の主な成功要因を提示する。第3章では、農家の行動と共同行動に関する考察を行う。第4章では、共同行動を促進する様々な政策について論じ、政策提言を行う。また、第1章付録I.A.では、事例研究の概要を取りまとめている。

第2部は各国の事例研究であり、13か国（オーストラリア、ベルギー、カナダ、フィンランド、フランス、ドイツ、イタリア、日本、オランダ、ニュージーランド、スペイン、スウェーデン、英国）での25の事例を分析する。

最後に、付録Aでは、共同行動に関するゲーム理論について簡単に説明する。

1.4. 農業環境公共財とは

本節では、農業関連の公共財と外部性について簡単に解説する。初めに農業生産と公共財、外部性の関係性について検討し、続いて、こうした公共財や外部性に関する詳細な説明と事例を示した後、最後に農業環境政策について概説する。

農業生産と公共財[1]

農業は、市場と非市場に関連する複雑な経済活動である。OECD（2010）は、このような農業生産と農業環境公共財、外部性の関係を**図1.1.**のように簡単に説明している。農家は市場投入財（労働力、燃料、機械等）と、非市場投入財（気候、大気の質、土壌の質等）の2つのタイプの投入財を使用し

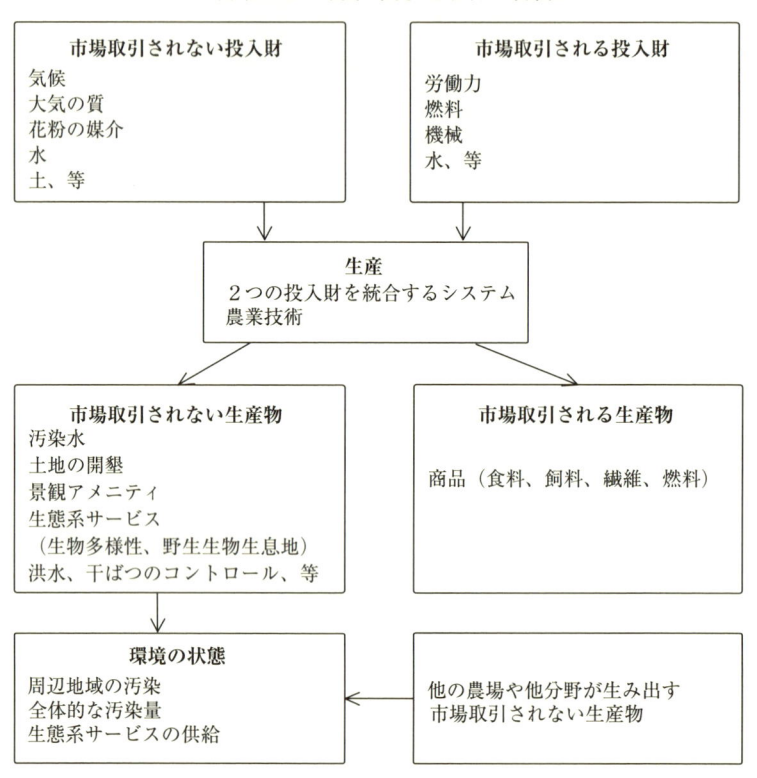

図1.1. 農業生産と農業環境公共財／外部性

```
┌─────────────────────────┐   ┌─────────────────────────┐
│   市場取引されない投入財   │   │    市場取引される投入財    │
│  気候                    │   │  労働力                  │
│  大気の質                │   │  燃料                    │
│  花粉の媒介              │   │  機械                    │
│  水                      │   │  水、等                  │
│  土、等                  │   │                          │
└──────────┬──────────────┘   └────────────┬─────────────┘
           │                                │
           └────────────┬───────────────────┘
                        ▼
           ┌─────────────────────────┐
           │         生産            │
           │ 2つの投入財を統合するシステム │
           │       農業技術          │
           └────────────┬────────────┘
           ┌────────────┴────────────┐
           ▼                         ▼
┌─────────────────────────┐   ┌─────────────────────────┐
│   市場取引されない生産物   │   │    市場取引される生産物    │
│  汚染水                  │   │                          │
│  土地の開墾              │   │  商品（食料、飼料、繊維、燃料）│
│  景観アメニティ          │   │                          │
│  生態系サービス          │   │                          │
│  （生物多様性、野生生物生息地）│  │                          │
│  洪水、干ばつのコントロール、等│  │                          │
└──────────┬──────────────┘   └─────────────────────────┘
           ▼
┌─────────────────────────┐   ┌─────────────────────────┐
│      環境の状態          │◄──│  他の農場や他分野が生み出す │
│  周辺地域の汚染          │   │  市場取引されない生産物    │
│  全体的な汚染量          │   │                          │
│  生態系サービスの供給    │   │                          │
└─────────────────────────┘   └─────────────────────────┘
```

1. 市場での取引に適さない投入財や生産物については、人為的に市場を創設することができる場合がある（例えば、汚染物質の排出取引等）。

出典：OECD（2010）から作成。

て生産を行う。農家はこうした投入財を使用して市場で取引される最終生産物（商品）と市場取引ができない生産物（公共財や外部性）の2つの生産物を生産する。後者には、環境に対する正の効果と負の効果がある。例えば、農地を適切に管理することで、野生生物の生息地を提供し、農村景観を生み出すことができる。しかし、耕作に使用される燃料は排気ガスを生み出し、

環境に負の影響を及ぼす可能性がある。農業活動の環境への影響は、所有権がなく市場が存在しない公共財や外部性として現れる傾向がある。このような市場が存在しない、あるいは市場が機能していない公共財や外部性のため、環境目標を達成することができないことがある。従って、農業環境政策の最大の目的は、公共財や外部性に対処し、環境目標を達成することである。

1.5. 農業環境公共財と外部性

農業活動による生産物のうち、市場取引に適さないものの多くは公共財又は正負の外部性的性格を有している。これらに関連する市場の失敗を克服する第一歩は、これらの概念を理解することである。

公共財

「純粋公共財」とは、「非排除性」と「非競合性」という2つの基準を満たしている財のことである (Samuelson, 1954, 1955)。
- 非排除性:ある財について、誰も当該財を消費することから排除されない性質。
- 非競合性:ある財について、他者が消費する機会を減少させることなく、誰もが同時に当該財を消費することができる性質。

純粋公共財の典型的な例は国防である。国防による便益からは誰も排除されることはない。また、誰もが、他者の便益に悪影響を及ぼすことなく、当該便益を享受することができる。ただし現実には、両方の基準を完全に満たす生産物はほとんど無く、多くの生産物はある程度において排除性や競合性を有している (Cooper他, 2009)。「私的財」(完全な競合性、排除性を有する財)や、「純粋公共財」(完全な非競合性、非排除性を有する財)のいずれでもない財は「準公共財」と呼ばれる。準公共財は、排除可能性と競合性の

程度に応じてさらに2つの主要なグループ（「共有資源」と「クラブ財」）に分類することができる（各タイプの財に関する詳細な説明はボックス1.1.を参照）。

ボックス1.1. 純粋公共財、共有資源、クラブ財

純粋公共財

「純粋公共財（Pure Public Goods）」とは、非競合性、非排除性を有する財のことである。その供給にはフリーライダー（ただ乗り）の問題が伴う。純粋公共財の供給者は、代金を支払わずにその便益を享受しようとする人間を排除することができない。このため、個人が商業ベースで純粋公共財を供給することは困難である。したがって、通常は政府がそうした財の供給（国家の安全保障等）に重要な役割を果たすこととなる。

共有資源

「共有資源（Common Pool Resources: CPR）」とは、競合性を有する（使用により数量が減少する）が、他者による消費を排除することが困難な財のことである。これは過剰開発のリスクに繋がるものであり、こうした状況は「コモンズの悲劇」として知られている（一例としてHardin, 1968を参照のこと）。例えば、牛飼いはできるだけ多くの牛を放牧したいと思っているため、共有の牧草地はやがて資源が枯渇するおそれがある。この過剰開発を防止するには、民有地化又は政府による介入という2つの解決策が一般的に存在する。しかしOstrom（1990）は、共同体が民有地化、政府の管理のいずれにも依存しない共同体のルールを設定することにより、共有資源をうまく管理することができると主張してい

る。

共有資源の所有者がいない場合、排除システムが存在せず、資源へのフリーアクセスを防止するのは困難であることから、そうした共有資源は「オープンアクセス資源」と呼ばれることもある。

クラブ財／有料財

「クラブ財（Club Goods）」では非クラブ会員を排除することができるが、クラブ会員がそれを消費するにあたり、過剰な混雑や財の劣化を引き起こすほどの競合性はない。クラブ財の理論は、私的財と純粋公共財の間に存在するギャップを埋める手段としてのクラブ財を考察したBuchanan（1965）の研究に始まる。クラブ財の一例として、ある地域や水路において、排他的な狩猟権や漁業権を有する狩猟者や漁業者の共同体が、費用を負担して当該地域や水路の野生生物や漁業資源を保護し、非会員による野生生物の狩猟や観賞を排除する場合が挙げられる。

「有料財（Toll Goods）」という用語も、排除性と非競合性を有する財を指す語として使用されることがある。これは、「クラブ財」という用語が有料道路等、排除性と非競合性を有する一部の財について使用された場合に誤解を招く可能性があるからである。有料道路を利用する際に利用者は料金を支払うが（すなわち彼らは排除されうる）、こうした利用者は有料道路のクラブ会員ではない。また、国立公園で入場料金の支払いを求められる場合も有料財の例ということができる。

農業環境公共財

農業は市場取引に適さない純粋公共財や準公共財といった生産物を生産する。そうした財は、天然資源に正又は負の影響を与える可能性がある[2]。**表1.2.**で農業環境公共財の例を挙げる。

表1.2. 農業環境公共財の分類 [1]

		競合性（使用により数量が減少する程度）	
		小	大
排除性	困難	純粋公共財 • 農村景観 • 生物多様性、野生生物（非利用価値 [4]） • 治水 • 土壌保全 • 地すべり防止	共有資源 [2] • 生物多様性、野生生物（利用価値 [3]） • コミュニティ灌漑施設（排除が困難な場合） • 集水域
	容易	クラブ財 • 生物多様性、野生生物（クラブ会員が独占している場合） • 農業用用排水路（クラブ会員が独占している場合） • コミュニティガーデン（クラブ会員が独占している場合）	私的財 • 農産物

1. 各欄のリストは網羅的でなく、主な例のみを列挙している。
2. 共有資源は、飽和点あるいは混雑点に達するまで非競合性による便益を供給するが、それらの点を過ぎるとサービスは非常に競合的になる。
3. 利用価値とは、ⅰ）実際の利用に関連した価値、ⅱ）不確定な将来の選択を行うことができる価値を指す。
4. 非利用価値とは、ⅰ）人間が「資源の存在」という単純な事実に対して認める価値、ⅱ）人間が将来世代のために資源を維持する可能性に対して認める価値を指す。

出典：OECD（2001a）及び Hess and Ostrom（2007）から作成。

外部性

「外部性」は、生産又は消費に関するある者の意思決定が、その意志決定の際に考慮されない他者に対して影響を及ぼす場合に発生する。ある人の行動が他者に正の影響を及ぼす場合は、「正の外部性」と定義される。養蜂業者がハチミツ生産の予期しない効果として、近隣の農家たちに授粉サービスを提供する事例は、正の外部性の典型的な例である。正の外部性に関する別の例としては、牧草地で動物が草を食べることが挙げられる。多くの人はそうした動物を見ることを楽しみ、動物が農村景観の価値の向上につながって

いると考える。しかし、動物がいつ、どの程度草を食べるかは、農家が自ら
の生産計画の中で決めている。こうした農村景観は、外部性である一方、表
1.2.に示されているように、多くの人が他者の便益を減少させずに（非競合
的）自らの便益を享受できる（非排除的）ことから、純粋公共財の例ともい
える。この例のように、公共財と外部性は重複していることが少なくない
（OECD, 1999）。

外部性が影響を受けた人の効用を減少させる場合は、それは「負の外部性」
と定義される。負の外部性の典型的な例は各種の汚染である。農業では、肥
料や農薬、あるいは持続不可能な農法の使用の結果として、汚水や土壌侵食
等の負の外部性が生じる場合がある。

1.6. 公共財のための農業環境政策

公共財の供給又は負の外部性への対応が市場に委ねられた場合、適切な供
給レベルを確保する（厚生最大化を図る）ことができない可能性がある。農
家は、市場取引される生産物については生産物の販売による利益や投入財の
費用等、市場に参加する動機を有しているが、公共財や外部性等の市場取引
に適さない生産物を管理する動機は必ずしも有していない。公共財や正の外
部性の場合、そうした性質を有する財を生産する農家等の供給者に対してメ
リットが適切に還元されないため、供給不足になりがちである。この結果、
関連する公共財や正の外部性の質の低下が生じる可能性がある。一方、負の
外部性は過剰に生み出されがちであり、この場合も環境の悪化につながる可
能性がある。両方の場合とも、その影響は取り返しのつかないものになる可
能性がある。このように、正の外部性の過少供給も負の外部性の過剰供給も、
社会的厚生の損失を意味するが、市場に参加する動機がない限り、各人は状
況改善のための行動をとらないことが想定される。こうした困難な問題を克

服し、公共財と外部性の市場を創出するために一般的に政策介入が必要であると考えられている（Cooper他, 2009; OECD, 2010）。

　OECDは、1990年代における農政改革及び農村アメニティに関する研究、2000年代における多面的機能に関する研究をはじめ、農業関連の公共財に関する数多くの研究を行い、2010年には、「費用対効果の高い農業環境政策のためのガイドライン（Guidelines for Cost-effective Agri-environmental Policy Measures）」を公表している（OECD, 2010）。同ガイドラインは環境に関する規制、税、取引可能な許可制度、補助金等の農業環境政策の費用対効果を比較したものである。同ガイドラインは、すべての農業環境政策の目標を達成できる唯一の政策は存在せず、補完的で相互に矛盾しない政策を組み合わせることが必要であると結論づけている（OECD, 2010）。ボックス1.2.では、これまでのOECDの研究に基づいて、複数の農業環境政策について簡単に概要を示している。

　このような公共財や農業環境政策に関するこれまでの研究は、共同行動ではなく個別の農家の行動に焦点を当てるものであった[3]。しかし、農村景観や生物多様性といった公共財の中には、農家による共同行動が必要なものもある。OECDの最近の研究（2012b）は、共同行動のための政策が真剣に検討されるべきであると論じている。また、農業や天然資源に関する問題に対処するための伝統的な市場を主体としたアプローチや規制などの農業環境政策も、その対象が農家の単独行動だけでなく農家等による共同行動も対象としている場合、共同行動も促進することができる。本書では、共同行動が公共財や正の外部性の供給及び負の外部性の削減にどのように貢献できるか、またどのように共同行動を促進できるかを明らかにすることにより、従来の研究では不十分だった点を補完することを目的としている。

ボックス1.2. 農業環境政策

「環境規制」とは、生産者の選択（入口規制）又は市場取引に適さない生産物（出口規制）を規制するものである。「入口規制（input standards）」とは、生産過程、技術、使用される製品、その使用方法に関する規則を定めたものである。一方、「出口規制（perfermance standards）」とは、農業の非特定汚染源からの汚染物質の排出を規制するものである。入口規制は、生産者に対して、環境問題に対する費用対効果の高い解決策を見つけ出すための柔軟性や動機を付与するものではない。しかし、出口規制では、指定された基準を満たすための手段を生産者自身が選択することができることから、通常、農家はより低コストで基準を達成することが可能となる（OECD, 2010）。

「環境税」は、農業由来の負の外部性を削減したり、正の外部性を増加させたりするために利用される（例えば、正の外部性の創出に対して減税を行う）。課税は、外部性に関する費用の内部化や削減に活用することができる。「汚染者負担の原則」（Polluter-Pays-Principle: PPP）もまた重要な概念である。「汚染者負担の原則」とは、社会に対して与えた損害全体の程度に応じ、あるいは、汚染が許容されるレベルを超えた場合に、汚染の当事者が汚染対策費用を負担するという原則である（OECD, 2001b）。「汚染者負担の原則」を適用する場合は、社会的に最適な生産水準が達成されるように負の外部性への課税を行う必要がある（OECD, 2011）。

「取引可能な許可証」では、伝統的な環境規制よりも低い社会費用で環境目標を達成することができる。環境当局が個々の事業者の削減費用を知らない場合であっても、許可証の取引を用いることにより、関係者が費用対効果が高い環境保全活動を進めることができる仕組みを提供す

ることができる (OECD, 2010)。

　「農業環境支払い」は、農業活動による負の外部性の削減と公共財や正の外部性の供給を図るのに利用することができる。「定額補助」で、農家のプログラム参加関連費用や農業環境公共財の供給に関する地域の違いが考慮されない場合、補助金の費用対効果は必ずしも高くならない可能性がある。しかし、交付対象を、こうした財を供給する個人に限定することでこの問題を軽減することができることが知られている (OECD, 2010)。この問題に対処するための補助金制度の設計は、情報の非対称性の存在により困難を伴う。しかし、「オークション (競売)」は、入札により、農家のプログラム参加関連費用や純支払意思額を明らかにすることができることから、費用対効果の高いものとなる可能性がある。オークションにより、農家のプログラム参加に関連する情報費用を削減し、農業環境関連の補助金制度の費用対効果を改善することができる (OECD, 2010)。より一般的に、政策設計の際には、インセンティブ両立性メカニズム (プログラム参加者が情報を明らかにする仕組み) を組み込む必要がある。

注

1. 本節は*Guidelines for Cost-effective Agri-environmental Policy Measures* (OECD, 2010) に基づくものである。
2. 非競合性かつ非排除性を有する財が有害であり、人々がそうした財を望んでいない場合は、「負の公共財 (Public Bads)」という用語が使用されることがある (Kolstad, 2011)。
3. 注目すべき例外としては、*Co-operative Approaches to Sustainable Agriculture* (OECD, 1998) があるが、同研究から10年以上が経過しており、この間に各種農業環境政策は進化している。

付録I.A.
事例研究の概要

1. オーストラリア

名称	マルグレーブ・ランドケア・キャッチメントグループ（AUS1）
概要	マルグレーブ・ランドケア・キャッチメントグループ（Mulgrave Landcare and Catchment Group Inc.）は、地域を基盤とする環境保護団体で、同地域で活動している 26 のランドケアグループの1つである。
活動地区	マルグレーブ川の集水域（877 平方 km）は、北クイーンズランドの湿潤熱帯地域に位置している（クイーンズランド州はオーストラリア北東部）。当該地域では、年間を通じて大規模な洪水が発生しており、土地利用に関して多くの困難が生じている。集水域の約 66%は自然林であり、その多くは世界遺産地域として保護されている。民有地では、主にサトウキビ栽培が行われ、そのほか、バナナ等の熱帯性果実や牛の肥育等が行われている。
公共財	水辺及び湿地帯の復元、水質改善（マルグレーブ川は重要な公共財であるグレートバリアリーフへと流れ込んでいる）。
共有資源管理	共有資源である地下水が、近隣住民の水利用と環境保全に必要な河川の流水量の確保という異なる競合する需要にさらされているという現状をコミュニティに伝えている。
活動開始時期	サトウキビ栽培の環境フットプリントを減らすことを目的とする自主組織として 2000 年に結成された。
集団の規模	48 名の拠出金者と約 60 名の植林支援ボランティア。
参加者	主に農家、砂糖研究者、製糖工場のスタッフ。近年では町や学校関係者も関与。
活動内容	河川流量の復元。肥料の使用効率を高め土壌侵食を減少させる農機の開発。学校向けプログラムの実施。公開情報セッションの実施及びニュースレターの発行。土壌の栄養状態と水質のモニタリング。
農家の役割	グループの中核。共同行動のために無償で労働力と機器を提供（機器の提供はボランティアの参加促進につながる）。革新的な農機具の設計。水辺に関するプロジェクトの開催。野外研究の実施。
非農家の役割	多様なアプローチを提供。コーディネーターとして共同行動を推進。企業（ナショナルオーストラリア銀行）をスポンサーとする学校向けプログラムの実施。
政府の役割	グループに対する支援。国、州、地域天然資源管理機構（Terrain：Regional Natural Resource Management Organisation）がパートナーシップとして、競争入札プロセスを経て、プロジェクトに資金を提供。計画及び技術的アドバイスの実施。
共同行動に影響する要因	地域密着型のアプローチ及びコミュニティに関する知識。組織を効果的に管理するための地域、郡、州レベルでの資源管理制度。
農家の共同行動の参画に影響する要因	明確なビジョン。地域でのリーダーシップ。コミュニティ内の連帯。グループ専属のコーディネーター。活動が持続可能な農業と生産性の増大につながるものであること。
その他	研究者及びグレートバリアリーフを管轄する政府機関の協力。

1. オーストラリア

名称	ホルブルック・ランドケア・ネットワーク（AUS2）
概要	ホルブルック・ランドケア・ネットワーク（Holbrook Landcare Network）は、農村地域の生物多様性と持続可能な農法への理解を得るために活動している。
活動地区	放牧、穀物栽培、林業が主要な産業であるニューサウスウェールズ州南部（オーストラリア南東部）の起伏に富む多雨混合農業地域24万ヘクタールをカバーしている。
公共財	ツゲとゴムの木からなる森林地帯が、かつて農業のために開墾された。この地域において、生物多様性を向上させるための取組を展開している。環境保全に関する理解を醸成し、環境と経済面の成果（公共財）の両立を図ることができる持続可能な農法について、コミュニティに対する啓発運動を実施している。
負の外部性の削減	ほ場内外での土壌侵食と乾燥地帯の塩度管理を実施。
活動開始時期	「農場の木（Trees on Farms）」グループとして1988年に設立。1990年代にランドケアグループになるとともに、地域で深刻化しつつあった土壌侵食問題に対処するために、対象分野を拡大。
集団の規模	メンバーは約350名（地域の土地所有者の約75％がメンバー）。情報は1,800名のネットワークに配信されている。
参加者	主に農業関連従事者。環境教育活動には都市及びその周辺地域から多くの参加者が集まる。
活動内容	「ホルブルックにおける野鳥観察の再開」を目的とした農地周辺の再緑化と未開墾地の管理。乾燥地帯の塩度モニタリングと管理。土壌保全。研究と普及活動。業界団体とのパートナーシップの構築。
農家の役割	資源、労働力、機器の自発的な提供（補助金を上回る規模の現物供与が実施されている）。農地の再緑化事業は生物多様性に有益であるだけでなく、塩度や土壌侵食などのほ場外への影響にも対応することが可能。
非農家の役割	植林や農業プロジェクトの一部は、企業スポンサー、業界団体、慈善団体の資金援助を受けている。グループの幹部職員の1人は非農家職員であり、このほか、ランドケアの仲介役、組織運営の支援等の役割を担っている。
政府の役割	国、州、地域レベルでのプロジェクトへの資金提供。計画及び技術的な支援のコーディネート。
共同行動に影響する要因	地域密着型のアプローチ及びコミュニティに関する知識。プロジェクトへの資金提供に関する競争入札プロセスが、資金確保に関して不安を生じさせている。
農家の共同行動の参画に影響する要因	地域でのリーダーシップ、農家とコミュニティの関与は不可欠。2000年代中頃に政府による支援プログラムが変更されたことによりグループは打撃を受けたが、その後仲介役と評議会の努力によりグループ活動の再活性化を達成。
その他	―

2. ベルギー

名称	ドンメル渓谷における緩衝帯の戦略的設置（BEL1）
概要	ドンメル渓谷ウォータリング（Dommel Valley Watering）は、ベルギーのリンブルフ州ドンメル渓谷において農業用水管理の責任を担う地域組織である。渓谷の水質改善に向け「ドンメル川及びワルムベーク川流域の河岸管理」プロジェクトを立ち上げ、地域を貫流している水路沿いの緩衝帯（buffer strips）の管理を農家が主体的に行う体制を構築することを目指している。
活動地区	ベルギー・リンブルフ州内の7つの地方公共団体（ボホルト、ハモント＝アフェル、ヘヒテル＝エクセル、ロンメル、ネールペルト、オーフェルペルト、ペーアー）。
負の外部性の削減	流域における水質改善。
公共財	水中及び水辺における生物多様性の改善。農村景観における水路の役割の強化。花や地域固有の植物を植えることによる景観の魅力の増大。
活動開始時期	2006年にペーアーのボリセンブロークで、ドンメル渓谷ウォータリングの小規模なパイロットプロジェクトが行われ、共同行動が始まった。長さ5kmの緩衝帯を設置するために9名の農家の協力により開始した当プロジェクトは、2008年にInterreg IVa「フランドル・オランダ境界における双方向農業用水管理」プロジェクトの一部になることで欧州協調融資を受けることができるようになり、リンブルフ北部の7つ以上の地方公共団体にまたがるものにまで拡大することができた。
集団の規模	地域の農家約30名が32kmにも及ぶ緩衝帯を設置。
参加者	ドンメル渓谷ウォータリング（本プロジェクトの創設組織）。上記7つの地方公共団体の農家。リンブルフ州。フランドル土地協会（Flemish Land Agency）。
活動内容	ドンメル川及びワルムベーク川の流域で水路に隣接する緩衝帯を設置、管理している。
農家の役割	緩衝帯の管理。
非農家の役割	ドンメル渓谷ウォータリングは、農家が直面する多くの障害を可能な限り取り除くことを目的とし、緩衝帯の設置、事務処理、農家と緩衝帯の管理を支援する人々との間の関係構築等を実施。
政府の役割	フランドル土地協会は、農業環境保全スキームを通じて緩衝帯の管理に補助金を交付。
共同行動に影響する要因	ドンメル渓谷ウォータリングが、農地を収用することなく流域の水質改善を実現させたいと考えていること。農家は、それ自体には農業的価値のない緩衝帯の管理に対して報酬を得ていること。
農家の共同行動の参加に影響する要因	次の5つの要因が共同行動の成功に貢献している：1）農家との個人的な（インフォーマルな）接触による地域に即した解決策の提示。2）ドンメル渓谷ウォータリングの中立性を保つことによる信頼感の構築。3）農家に責任を持たせること。4）関係者全員に有利な解決策を模索すること。5）農家に新しい環境に慣れる時間的猶予を与えること。
その他	―

2. ベルギー

名称	アントワープ地域におけるピドゥパ（水道事業体）と農家による水質管理（BEL2）
概要	ピドゥパ（Pidpa）は、地下水の水源地域とその周辺の保護区域で、自ら所有する土地の管理を農家と協力しながら行い、水質管理を行っている。また、ピドゥパは地域の農家の所有地内にある自然の管理も支援している。
活動地区	ベルギー・アントワープ州の65の地方公共団体。
負の外部性の削減 公共財	負の外部性の削減を通じた水質改善。 生物多様性と農村景観の向上。
活動開始時期	同州で供給される飲料水の水質を保証するため、ピドゥパは地域の農家と長期にわたって協力関係を維持し、常に関係強化を目指している。
集団の規模	72名の農家が233区画、133ヘクタールの土地（ピドゥパが所有する土地の約27％）を管理している。
参加者	ピドゥパ。農家。自然保護団体（Natuurpunt）。フランドル土地協会（Flemish Land Agency）。その他の中央政府組織。農業及び環境関連の地方組織。
活動内容	ピドゥパは土地を管理している農家と利用者契約を締結している。農家の土地利用は、永久的な草地に限定されており、土地の表層を傷つけたり地下水の質を低下させるような行動をとることを禁じるとともに、生け垣等の景観を構成する要素の保護を義務付けている。
農家の役割	農業区域内におけるピドゥパ所有地の管理及び自然区域内における諸活動（放牧管理等）。
非農家の役割	ピドゥパは農家と利用者契約を締結するとともに、水源地域とその周辺地域においてネットワークを構成している。当該ネットワークに属する地域組織が農家の活動をモニタリングし、契約に違反した場合はピドゥパに報告する。
政府の役割	農家と協力する水道事業体を直接的に支援する政策は存在しないが、ピドゥパが設立した地域のネットワークにはフランドル地域の行政担当者が参加している。こうした行政の代表者は、共同行動の継続性の確保と地域の問題解決を促す役割を担っている。政府との協力関係は、ピドゥパの方針を政府の方針に沿ったものとすることにも役立っている。また、フランドル土地協会は、農家とピドゥパの利用者契約の作成を支援している。
共同行動に影響する要因	ピドゥパは地下水の水質改善を望んでいる。一方、農家はピドゥパの土地を無償で使用する権利を得て、土地に関連する直接支払いを利用することができる。
農家の共同行動の参画に影響する要因	①個人的関係を通じた地域ネットワークの構築、②当該ネットワークと広域自治体や業界団体との関係構築、③関係者全員にとって有益な解決策の追求、④政策の透明性の確保の4つの要因が共同行動の成功に貢献している。
その他	―

3. カナダ

名称	サスカチュワン州における農業環境グループ・プラン（CAN1）
概要	サスカチュワン州の生産者が農業環境リスク評価計画に参加する方法には、個別アプローチ（農業環境プラン（Environmental Farm Planning））と共同アプローチ（農業環境グループ・プラン（Agri-environmental Group Planning））の2つの方法が存在する。生産者は、カナダ＝サスカチュワン州農場管理プログラム（Canada-Saskatchewan Farm Stewardship Program）を活用し、各自の行動計画をたて、環境にやさしい農法（Beneficial Management Practices）を取り入れている。
活動地区	カナダ・サスカチュワン州。
公共財	サスカチュワン州における農業環境グループ・プランは水質保全に主眼を置いており、空気、土壌、生物多様性等のその他の便益については二次的なものとなっている。
活動開始時期	農業環境プランは1990年代初頭にオンタリオ州で開始され、他の州においてもそれぞれの州に応じて修正が加えられた上で導入されている。一方、農業環境グループ・プランは、2005年頃にサスカチュワン州で導入された。
集団の規模	農業環境プラン：生産者1名（＋複数名のプログラム・コーディネーターによる支援）。 農業環境グループ・プラン：1グループあたり生産者75～500名（＋複数名のプログラム・コーディネーター、非営利組織、政府による支援）。
参加者	生産者。プログラム・コーディネーター。非営利組織。各州政府。
活動内容	農業環境プラン：各生産者が、個別に農作業に関する農業環境リスク評価を実施。 農業環境グループ・プラン：生産者はグループ・プランを作成し、広域単位（流域等）での農業環境のリスク評価を実施。
生産者の役割	環境に関するリスクを特定し、個別の行動計画（農業環境プラン）又は共同の行動計画（農業環境グループ・プラン）を立て、持続可能な農業、環境にやさしい農法を導入する。
生産者以外の役割	非営利組織である農業開発多様化評議会州議会（Provincial Council of Agricultural Development and Diversification Boards）がプログラムを実施している。プログラム・コーディネーターがワークショップを開催し、生産者による農業環境プラン及び農業環境グループ・プランの設計を支援している。また、ダックス・アンリミテッド・カナダ（Ducks Unlimited Canada）及び河川流域団体が農業環境グループ・プランの支援を実施している。
政府の役割	政府は、全体的なプログラムを策定し、プログラム参加者に資金を提供している。また、サスカチュワン河川流域公社が農業環境グループ・プランへの支援を行っている。
共同行動に影響する要因	農業環境グループ・プランのみ：共通の地理的境界。仲介者の存在。 両プラン共通：プログラム・コーディネーターのリーダーシップ。行動計画の柔軟性。政府からの資金援助。非営利組織からの助言及び支援。
農家の共同行動の参画に影響する要因	外部要因（金銭的インセンティブ）。内部要因（環境に関する意識等の認識）。社会的要因（ソーシャル・キャピタル、近隣の生産者の取組姿勢）。

3. カナダ

名称	ビーバーヒルズ・イニシアチブ（CAN2）
概要	ビーバーヒルズ地域はアルバータ州の州都エドモントンの東部に位置する。当地の独特な生態系は高い開発圧力にさらされている。景観への様々な圧力に対処し、地域の環境を保全するため、ビーバーヒルズ・イニシアチブ（Beaver Hills Initiative）が立ち上げられた。ビーバーヒルズ・イニシアチブには、様々な参加者が参画し、地域の環境保全のための知識、データ、スキルが共有されている。
活動地区	カナダ・アルバータ州。
共有資源管理公共財	ビーバーヒルズ地域は共有資源としての性格を有している。農村景観、きれいで豊富な飲料水、澄んだ空気、生物多様性といった公共財も供給している。
活動開始時期	ビーバーヒルズ・イニシアチブは、エルク・アイランド国立公園近郊における開発圧力に対抗するため開始された。これには、連邦、州、郡の全ての政府の参画と、5つの郡にまたがる多くの土地所有者による協力体制の構築が必要であった。
集団の規模	30以上の組織。
参加者	郡政府、州政府、連邦政府。学界。産業界。非政府組織。
活動内容	土地利用計画及び土地管理手法に対する「ランドスケープ・ベース」のアプローチ。自発的な協力関係や科学的分析・研究に基づいて政府に対して土地空間情報やデータを提供し、政策決定に影響を及ぼすこと。市場ベースの資源保全のためのインセンティブ手法といった新しい政策の検討。
生産者の役割	農地その他の天然資源の管理（湿地帯の保全と再生、水辺の管理、植林及び植林地の管理、土壌保全）。放牧のローテーション化、見合わせ、季節別実施等による持続可能な放牧システムの構築。生物多様性に対する認識の強化と促進のためのアグリツーリズム運動。
生産者以外の役割	参加者間の専門知識の共有。科学的研究の実施。ビーバーヒルズ・イニシアチブの関連データの収集と情報共有を支援。
政府の役割	ビーバーヒルズ・イニシアチブの政策提言を参考に政策を決定。ビーバーヒルズ・イニシアチブに対する資金援助。
共同行動に影響する要因	複数の行政区域にまたがる天然資源管理。情報・データ共有の重要性。持続可能な農業の大規模かつ長期的な促進。異質性と多様性。信頼とソーシャル・キャピタル。長期的ビジョンの共有。現地情報の重要性の認識。理解を深めるためのリーダーシップ。効果的な組織構造。すべてのレベルの政府の関与。
農家の共同行動の参画に影響する要因	外部要因（環境にやさしい農法（Beneficial Management Practices）導入のための資金援助）。内部要因（環境に関する意識・認識）。社会的要因（農家のリーダーシップ。社会的圧力。地域のルールや規範への意見の反映。運営への報酬。現地情報の尊重）。

4. フィンランド

名称	ピュハ湖復元プログラム（FIN1）
概要	ピュハ湖（Lake Pyhäjärvi）の水質の維持・改善を目指す地域の自発的な取組（全リン、クロロフィルの濃度、植物性プランクトンの量及びその組成で測定）。
活動地区	フィンランド南西部。
負の外部性の削減	外部からの栄養塩流出防止。
共有資源管理	ピュハ湖は共有資源としての性格を有している。
活動開始時期	富栄養化の進展を防止し、ピュハ湖復元作業にさらに資源を投入する必要があったことから開始された。
集団の規模	諮問委員会（30名の積極的関与者）を含むピュハ湖保護基金の17組織。プロジェクトに関係している20以上の国内外のパートナー組織。100名以上の農業者。20名の漁業者。
参加者	ピュハ湖協会（本プログラムの管理者）。市町村。土地や水域の所有者。地元企業。各種団体。地元、地域、国等の行政機関。学校、大学。農業者。漁業者。地域住民。
活動内容	資源管理。活動管理。EUプログラム及びその他の資金源への追加資金の申請。外部負荷の削減。生態系操作。教育活動。情報サービス。研究。モニタリング。
農家の役割	外部負荷の削減。基礎的又は先進的手法の実施。
非農家の役割	資金提供。漁業。教育活動。情報サービス。研究。モニタリング。
政府の役割	資金提供。管理。立法。規制。農業及び環境政策。モニタリング。
共同行動に影響する要因	地域組織や参加者の経済状態。EUの規制。EUからの資金提供の可能性。科学的知識。様々な関係者が有する能力や資源の相乗効果。効果的な制度面のスキーム。行動の結果と成果（活動継続に向けた動機、士気を刺激）。
農家の共同行動の参画に影響する要因	農業の経済的発展。国及びEUの政策や法規制。資金援助。目に見える測定可能な成果。
その他	―

5. フランス

名称	ヴィッテル（ミネラルウォーター製造企業）と農家による水質保全（FRA1）
概要	ヴィッテル（Vittel）の水源地域に位置する農家が集団で、集約農業による非特定汚染源由来の汚染を減少させるため、農法を変更。
活動地区	フランス・ボージュ県ヴィッテル。
公共財	生物多様性と農村景観。
負の外部性の削減	水質改善。
活動開始時期	1988年、ヴィッテルの生産事業部がゆっくりとではあるが顕著な硝酸性窒素の増加に気づいたことに始まる。
集団の規模	当初は約40名の農家（時間の経過とともに減少し、現在は30名未満）。
参加者	ヴィッテル。アグリヴェール（Agrivair）。ヴィッテルの水源地域の農家（主に牛乳と穀物の生産者）。多くの学問領域にわたる研究チーム。
活動内容	農家とヴィッテルの利益を両立させる新しい農業システムを研究チームと共同で開発。
農家の役割	ヴィッテルの要求水準を満たすことが出来る共同開発された新しい農業システムの導入。
非農家の役割	現場に適した複雑なインセンティブパッケージの設計。
政府の役割	政策面での強力な支援。厳格な土地利用規制のヴィッテルに対する運用弾力化。
共同行動に影響する要因	農法と水質の関係についての適切な理解。技術面、金銭面その他あらゆる面の変化に対応できるヴィッテルの体制及び能力（研究チームがサポート）。取引費用に関する問題（評価に関する論争、双方独占、第三者効果）。
農家の共同行動の参画に影響する要因	農家所得の全面維持。複数の関連問題（負債と土地の問題、農家の将来計画、経済・社会状態等）への対処。農家のルール作りへの参画。活動の中核となる地域組織アグリヴェールの設立。
その他	水源地域内外の農家間でライバル関係と嫉妬心が発生。従来の専門ネットワークが新しいものに取って替わられ消滅。第三者による圧力。

6. ドイツ

名称	ランドケア協会（DEU1）
概要	ランドケア協会(Landcare Associations)は、自然保護と土地管理対策を目的に、農家、地方公共団体、政治家、自然保護の専門家が協力する地域の非営利組織である。ランドケア協会は、利害関係の調整、資金調達手段の確保、具体的な対策に関する支援を行っている。
活動地区	約155のランドケア協会が存在する。そのうち、約55協会が長い活動の歴史を有するバイエルン州に存在し、ドイツ北西部ではやや少ない傾向にある。これらの統括団体はドイツランドケア協会（DVL）である。
公共財	多様な景観。ビオトープ（生息空間）。生物多様性の保全（一部、水質と気候変動とも関連）。
活動開始時期	1985年にバイエルン州で最初のランドケア協会が設立。
集団の規模	ランドケア協会により大きな差異（会員数は100名未満から1000名以上まで存在）。
参加者	会員：個人、団体、行政、民間企業。 運営委員会：地方政治家、土地管理者、自然保護団体から同じ割合で選出された代理人により構成。 専門家パネル：運営委員会により任命。うち、1名以上はコーディネーター。
活動内容	生垣の設置。多様な種を有する草原の管理。助言。ランドケア関連の高品質生産物のマーケティング支援等。
農家の役割	対策の主な実行者。ランドケア協会に農家の代表者を派遣。
非農家の役割	会員：運営委員会の選挙、一般的事項に関する決定、規則の実施、会費の決定等。 運営委員会：対策のリストアップ、人事決定、諮問パネルのメンバーの任命。 専門家パネル：助言の提供。 コーディネーター：マッピング、対策の具体化、費用計算、補助金の申請、対策の組織的実行と監督、結果のモニタリング、地域社会・行政・自然保護団体・土地管理者との意見調整。
政府の役割	連邦政府：政策の制度設計と資金提供面を担当（農業環境政策等）。 人件費や一般管理費の一部負担（会費、寄付金、トラスト制度等による追加援助あり）。 諮問パネルに地方組織の専門家が出席。
共同行動に影響する要因	異なる利害の表明と共通の意思決定。分権により地域の状況へ応じた対応が可能。コミュニケーションと環境教育。連絡窓口としてのコーディネーターの常駐。「ランドスケープ・レベル」の対策の調整（緑の回廊等の目標達成のために不可欠）。
農家の共同行動の参画に影響する要因	地域の常設連絡窓口（コーディネーター）。資金調達申請への支援。環境面や対策に関する情報の提供。信頼関係及び利害関係の調整。対策を実行する農家への支払い。

6. ドイツ

名称	ニーダーザクセン州における飲料水の保全協力（DEU2）
概要	ドイツ・ニーダーザクセン州の指定地域における飲料水保全の「協力モデル」では、農家、水道事業体、技術指導員が作業部会を立ち上げ、飲料水の水質の維持、回復に関する諸問題の解決に取り組んでいる。
活動地区	ニーダーザクセン州の飲料水保全指定地域。2009年時点で、ニーダーザクセン州の370の飲料水水源地域で共同体が設立され、農用地区303,778ヘクタール（農地面積全体の11.7%）を対象としている。
負の外部性の削減	飲料水の水質の維持・改善。特に硝酸性窒素による広範な地下水汚染の削減。
活動開始時期	1992年のニーダーザクセン州水質法（Niedersachsischen Wassergesetzes）第8回修正版により導入。
集団の規模	約10,900名の農家が飲料水保全指定地域に農地を保有しており、農家の多くが共同体に積極的に参加し、助言を受けながら、水質保全のための対策を自発的に行っている。1指定地域あたり平均約65名の農家が存在する。
参加者	農家、水道事業体の代表者及び契約技術指導員が共同体に参加している。農業組合、農業会議所、地域行政機関、ニーダーザクセン州水質管理・海岸保全・自然保護局（NLWKN）が支援を実施している。
活動内容	共同体が、当該地域の保全概念の整理、適切な水質保全手段の開発及び実施、並びに農業、栄養分管理、水質のモニタリングと評価を行っている。
農家の役割	所有農地において水質保全管理対策を実施し、実地試験を行っている。
非農家の役割	水道事業体は農家の協力相手であり、飲料水の水質の保全及び改善についての取決めを行っている。 技術指導員は、農家に対して環境問題に関する知識の向上と水質保全対策の促進を行っている。 農業会議所は、技術的アドバイスを担当するとともに、技術的アドバイス・実地試験・広報に関する手段や材料についての情報提供を担当している。
政府の役割	ニーダーザクセン州水質管理・海岸保全・自然保護局は、共同体の立ち上げ支援と資金提供を行っており、ニーダーザクセン州レベルでのモニタリング及び評価活動、ワークショップを実施している。 ドイツ環境省は、共同体の法的枠組みを担当し、「水セント（water cent）」（ニーダーザクセン州の水道利用者が水質保全のために負担する特別料金）を通じた資金提供制度を担当している。
共同行動に影響する要因	農家と水道事業体の契約を通じた、平等な権利関係に基づく共同体の設立が、「水セント」による資金提供を受ける際の受給要件となっている。
農家の共同行動の参画に影響する要因	地域の常設連絡窓口（コーディネーター）。資金調達申請への支援。環境面や対策に関する情報の提供。信頼関係及び利害の調整。対策を実行する農家への支払い。

6. ドイツ

名称	アイダー渓谷の湿地帯復元（DEU3）
概要	泥炭地や沼地などの湿地帯の復元を目的とした環境政策。集約農業の縮小、排水システムの解体、土地の再湿潤化には、土地所有者と利用者との間の契約が必要であることから、湿地帯の復元は関係者間の協力に基づくアプローチとなっている。
活動地区	シュレースヴィヒ＝ホルシュタイン州（ドイツ北部）の州都キールの南約10km、フリントベックとボルデスホルムの間に位置するアイダー渓谷（沼地と氾濫原の混在地）。
公共財 負の外部性の削減	泥炭の分解による温室効果ガス排出の低減。湿地性草原地帯の生物多様性の保全。ろ過装置と貯水施設の改良による水質改善。脱窒、泥炭の分解による硝酸性窒素の溶出防止といった環境目標。州都キールの人々に対するレクリエーションの提供。洪水防止。
活動開始時期	1980年代、自然保護を担当する行政機関はアイダー渓谷の湿地帯地域での土地購入を開始したが、90年代後半までにこれらの土地購入は完了せず、他の土地利用者との利害調整から同地域の湿地帯を復元させることができなかった。これを受け、1999年、粗放的放牧を推進する共同プロジェクトが期間20年の予定で開始された。
集団の規模	集団の規模は約50名（土地所有者40名と土地購入又は粗放農業に関する契約を締結。借地人8名と牧草地利用の契約を締結し、そのうちの1つは複数の個人農家からなる牧草地協会）。対象地区は約400ヘクタール。
参加者	主催者、仲介者である水・土地協会（Wasser und Boden Verband）。土地所有者及び農家。計画策定に関与する農業・水・自然保護組織。土地所有者としてシュレースヴィヒ＝ホルシュタイン自然保護基金（Stiftung Naturschutz）。研究拠点としてキール大学。
活動内容	粗放的放牧のための広大な放牧地形成による、「受動的な」再湿地化（排水システムの維持・修復作業を行わない）。より体系化された半自然景観の確立。
農家の役割	プロジェクト地域における集約的土地利用を減らすための契約交渉を行い、粗放的放牧により地域を管理。
非農家の役割	水・土地協会：計画策定プロセスの促進、契約による又は土地購入によるプロジェクト地域の拡大交渉。 その他の専門行政機関：計画策定プロセスの促進、農業環境活動への追加的支援。
政府の役割	キール環境局（Staatliches Umweltamt）は、水・土地協会及びシュレースヴィヒ＝ホルシュタイン環境局（Landesumweltamt）と協力して、窒素とリンによるアイダー渓谷の汚染を減少させる目的で本プロジェクトを設計。
共同行動に影響する要因	従来の土地購入では、購入区画と引き続き集約農業が行われる私有地が混在していたため、水質改善には不十分であった。
農家の共同行動の参画に影響する要因	仲介者としての水・土地協会。関係者間の協力に基づくアプローチ。土地購入に代わる土地利用に関する権利と契約の提案。プロジェクト対象地域外の土地との交換。湿地帯の農用地としての価値の低下。

7. イタリア

名称	トスカーナ州における保全管理（ITA1）
概要	トスカーナ州の地方公共団体が、地元農家との契約を通じて、河川、川床、川岸、運河の浄化といった環境サービスを提供する取組。
活動地区	トスカーナ州山岳地帯における「メディア・ヴァル・デル・セルチオ（Media Valle del Serchio）」再生地区。
公共財	水理地質学に基づく管理。農村景観。洪水防止機能。ソーシャル・キャピタル（社会関係資本）。制度的資本。新しい知識。キャパシティ・ビルディング（能力強化・向上）。新しいネットワーク。
活動開始時期	この地域において、水理地質学に基づく地域管理の環境面での重要性が、特に近年発生した多くの異常気象の結果、一層認識されるようになっている。115,000ヘクタールを超える山岳地帯及び約1,500kmの河川の管理が困難になってきていることから、地方公共団体が、本共同行動に対して、動機の付与と支援を行っている。
集団の規模	プロジェクト（2010／2011）の最終段階において、農家25名と協力者4名の間で合意が形成された。その後、2011年には、地方公共団体が地域の40％に相当する500kmの河川をモニタリングすることが可能となった。
参加者	直接の関係者：地方公共団体の専門家。農家。 間接的な関係者：地方公共団体。農業者組織。その他の地方行政機関。
活動内容	洪水防止機能の強化及び水理地質学に基づく地域管理の促進に向けた共同行動。
農家の役割	（1）活動のモニタリング：レポートと写真を掲載した河川の実地検分に関する定期刊行物の発行。（2）初動維持活動：洪水防止のため、川岸の植物管理を行うとともに、川床や土手から樹木、材木、がれきを除去するなど、簡単な維持活動を実施。
非農家の役割	運営支援（農業者団体）。技術支援（地方公共団体の専門家）。調整と情報提供（地方公共団体）。活動のモニタリング（地域社会）。
政府の役割	資金援助（地方公共団体を通じてプロジェクトの資金に充当される再生税）。法律上の枠組みの制定（農業の多面的機能に関する法律）。外部支援（トスカーナ州農村開発計画）。
共同行動に影響する要因	ソーシャル・キャピタル（信頼と互酬性）。参加型イベント（地域社会の関与）。情報／早期警戒システム（IDRAマップ）。共同調査と知識の共同生産。
農家の共同行動の参画に影響する要因	モニタリングと初動維持活動に対する報酬。生産活動との補完的な関係。農閑期（冬期や雨期）に参画を促すこと。可視化とネットワークの強化（他の政府関係機関との協力の機会の提供）。環境サービスの提供に対する情熱。「農家の管理者」という新たなアイデンティティの構築。意思決定プロセスへの農家の関与。
その他	IDRAマップ：モニタリング活動を地域の住民にも拡大することを目的に、オンライン情報システムとして最近開発されたウェブサイト。

7. イタリア

名称	カンパニア州のコミュニティガーデン（ITA2）
概要	2001年以降、地域のNGOは「エコ考古学パーク」と呼ばれるプロジェクトのコーディネートを行っており、共同作業により荒廃しつつある遺跡を都市型庭園や優れた環境、社会生活を楽しむことのできる場所へと転換している。
活動地区	サレルノ近郊のポンテカニャーノ（イタリア南部）。
クラブ財／公共財	会員に対して農作業を行う機会を提供することにより、コミュニティガーデンを利用する会員に対し、広範囲にわたる物質的、社会的、心理的メリットを提供している（クラブ財）。社会全体に対して様々な生態学的、社会的、文化的なメリットも提供している。環境面に関して、美しい景観や様々な生態系サービスの向上に貢献している（公共財）。
活動開始時期	エコ考古学パークプロジェクト以前は、この遺跡は一般には開放されておらず、高い維持費用にも関わらず、ごみ捨て場となっていた。地域のNGOは、コミュニティガーデンとして活用することで同地域を復元し、その維持を図るとともに、市民に対して無料でのアクセスを認めた。
集団の規模	約80名のコミュニティガーデン利用者と学生。エコ考古学パークの面積は、公共緑地とコミュニティガーデンを含む6ヘクタール。
参加者	退職者。学生。地域NGOの会員。身体障害者又は精神障害者。
活動内容	コミュニティガーデンの耕作。都市の公共緑地地区の管理。
農家の役割	農家の関与なし。
非農家の役割	地域のNGOは、知識や助言を提供し、プロジェクトの促進、調整、支援を行う。コミュニティガーデン利用者は、この公共緑地の手入れを行う。
政府の役割	政府の関与なし。
共同行動に影響する要因	地域社会の共有財産の使用についての簡潔かつ明確なルールと効果的な自助・制裁システム。地域社会の強い一体感。強固なソーシャル・キャピタル。地域NGOのコミュニティガーデン利用者の動機付けに関する重要な役割。プロジェクトとその持続可能なビジョンの推進。コミュニケーション。利害衝突や交渉における調停者としてのNGOの存在。専門知識、能力、資源、経験の共有。コミュニティガーデン利用者に対するより良い環境教育。
農家の共同行動の参画に影響する要因	農家の関与なし。
その他	カンパニア州は、ポンテカニャーノの事例が広く普及されるべき優良事例であるとし、2009年に実験的なコミュニティガーデンの支援に180万ユーロの資金の割り当てを行ったが、実行されていない。

7. イタリア

名称	アオスタ渓谷における山間牧草地の管理（ITA3）
概要	本事例は、アルタ・ヴァル・アヤス（Alta Val d'Ayas）を取り上げ、アオスタ渓谷の山間牧草地の集団管理に関係する規則、規範、組織的行動について説明する。
活動地区	アルタ・ヴァル・アヤスは、アヤス・ブリュソン自治体（アオスタ渓谷地域）にあるエヴァンソン川の上流約 185 平方キロメートルの渓谷である。
公共財	水理地質学に基づく地域管理。農村景観。生物多様性の保全。
活動開始時期	草原及び牧草地の伝統的かつ適切な利用を維持するニーズに応えて実施。
集団の規模	アルタ・ヴァル・アヤスにおける草原と牧草地は約 3,840 ヘクタール、うち、高山地域に存在する牧草地は 3,134 ヘクタールである。農家約 40 名がアルペッジ（alpeggi。主に夏の間の放牧に使われる牛小屋と高山地域）を管理しており、約 108 の小屋がある。夏季には約 2,980 頭の牛、約 300 頭の羊とヤギが高山地域の牧草地に移動する。1 つの農地から他の農地に移される牛の数は約 1,000 頭、羊とヤギは 80 頭以上である。 アヤス渓谷上流チーズ組合（Co-operativa Fromagerie Haut Val d'Ayas）では、地域の約 50 の農場で生産される牛乳（約 210 万リットル）を有機農産物基準に従って収集・加工し、フォンティーナ PDO チーズ（年間 1 万 8 千個）として販売している。
参加者	農家。土地所有者。地方公共団体。アオスタ渓谷自治州政府。
活動内容	高山地域における草原と牧草地の持続可能な管理は、地域の畜産農家、アルペッジの所有者（地方公共団体を含む）、牛乳買取業者（及びフォンティーナ PDO チーズの地域生産者）、地方公共団体を含む地域関係者の間の複雑なネットワークの上に成り立っている。
農家の役割	渓谷の下部に位置する農地を所有している農家は、高山地域の牧草地を管理する農家に、乳牛と若い牛の世話を 90〜120 日間（6〜9 月）依頼している。牛乳は、フォンティーナ PDO チーズの生産に利用されたり、牛乳買取業者に対して販売されたりしている。
非農家の役割	土地所有者（民間の所有者や地方公共団体）は畜産農家に牧草地を利用させている。
政府の役割	ヴァッレ・ダオスタ自治州政府は、複数の対策（EU による共同融資を含む）及び地域の法規を通じて、草原や牧草地（特にアルペッジ）の適切な管理の支援と必要な資金提供を行っている。公的支援は、フォンティーナ PDO チーズの生産確保だけでなく、生物多様性の保全、土壌の機能性、農村景観の保全といった重要な環境サービスの一定量の供給の保証を目的としている。
共同行動に影響する要因	粗放的放牧のために農地間で牛を移動させる必要性。様々な地域関係者の複雑なネットワーク（地域の畜産農家、アルペッジの所有者、牛乳買取業者等）。1 つの農地から他の農地に移動する牛に関する個別の契約及び支払い。自治州政府からの支援。
農家の共同行動の参画に影響する要因	アオスタ渓谷における牧畜業の歴史的、社会経済的背景。脆弱な農業経済と金銭的インセンティブの利用可能性。
その他	―

8. 日本

名称	**魚のゆりかご水田プロジェクト（滋賀県）（JPN1）**
概要	滋賀県における農業関連の生物多様性の保全に関する政策。滋賀県は、琵琶湖にのみ生息する魚が繁殖のために湖から水田まで遡上できるよう、水路の水位を上昇させることに同意した農家に対して補助金を交付している。この場合、農家は共同で水路の水位を上昇させる必要がある。
活動地区	滋賀県
公共財	生物多様性
活動開始時期	本政策は2006年、生物多様性の保全を目的として滋賀県により導入された。ブラックバス等の外来種による捕食から琵琶湖に住む稚魚を保護することを目的としている。
集団の規模	4ヘクタール
参加者	農家。地元住民。滋賀県。
活動内容	農家は共同で、魚が水田まで遡上できるように水路の水位を上昇させる。
農家の役割	共同で水路の水位を上昇させる。
非農家の役割	―
政府の役割	制度設計と補助金の交付。共同行動のための技術支援及び普及事業の実施。
共同行動に影響する要因	水路等の物理的条件が農家の組織化に伴う取引費用の規模に影響を与える。滋賀県における集落営農の促進に関する長年の取組は、成功要因の1つ。
農家の共同行動の参画に影響する要因	自発的な行動に全面的に依存しているため、農家同士の信頼が重要な要因。特に、プロジェクトへの参加による便益（政府による交付金の支払い等）が、近隣農家との協調行動に伴う追加費用よりも大きいか否かが重要な判断材料。
その他	2009年の全国知事会で最優秀政策賞を受賞。

8. 日本

名称	びわこ流域田園水循環推進事業（JPN2）
概要	滋賀県において農業排水を再生利用する事業。滋賀県は、農業の非特定汚染源からの汚染を減少させることを目的に、水田由来の排水を再生利用している土地改良区に対して補助金を交付している。この場合、農家は共同で排水を再生し、農業用水として再利用している。
活動地区	滋賀県
負の外部性の削減	農業の非特定汚染源からの汚染物質の排出削減（水質保全）。
活動開始時期	農業の非特定汚染源から琵琶湖に流入する化学物質の量を減少させるために、2004年に滋賀県が導入した。
集団の規模	組合員農家数1,300名。670ヘクタール。
参加者	農家。土地改良区。
活動内容	農家が、共同で排水を再生し、農業用水として再利用する。
農家の役割	共同で排水を再生し、農業用水として再利用する。
非農家の役割	土地改良区は、排水の再生利用のため滋賀県との間で共同行動に関する契約を締結する。土地改良区の正式な意思決定プロセス（総会）を活用することで、個々の農家との個別の契約で対応する場合と比べ契約関連の取引費用を削減することができる。
政府の役割	制度設計及び補助金の交付。
共同行動に影響する要因	共同行動の促進にあたっては、既存の制度を活用すべきであるという滋賀県の戦略的意図が明確であったこと。当該方針により取引費用の削減が可能となった。
農家の共同行動の参画に影響する要因	農家は土地改良区における正式な意思決定プロセスを通じて、自らの懸念を表明することが可能。
その他	―

8. 日本

名称	農地・水保全管理支払交付金（JPN3）
概要	「農地・水保全管理支払交付金（旧農地・水・環境保全向上対策）」は、1）集落単位の水路の保全に関する補助金、2）農家による化学物質の使用量を50％削減することを推奨する農業環境直接支払いの2つの交付金からなっている。前者は、各地方公共団体と契約した水路の共同保全管理を図る地域の活動組織に対して補助金を交付するものである。
活動地区	日本全国
共有資源管理	水路の保全管理
活動開始時期	2007年、日本政府（農林水産省）が農地・農業用水等の保全管理を目的に政策を導入した。
集団の規模	農家58名、非農家12名。53ヘクタール（北海道を除く）。
参加者	農家。非農家。農業団体。非営利組織。
活動内容	地方の集落居住者が共同で、共有資源である農地・農業用水等の維持活動を行っている。
農家の役割	農地・農業用水等の保全管理。
非農家の役割	農家との協力による農地・農業用水等の保全管理。
政府の役割	国：制度設計及び資金提供（費用の33％を負担）。 地方公共団体：制度設計には関与しない。費用の33％を負担（県：16.5％、市：16.5％）。
共同行動に影響する要因	多くの場合、非公式かつ歴史的な社会的ネットワークの存在が、農村集落を単位とする地域の活動組織の設立の主な理由となっている。
農家の共同行動の参画に影響する要因	住民の意思決定の鍵は、各農村集落の歴史的、社会的背景。多くの場合、各農村集落には社会的規範（Social norm）が存在することから、住民には協力以外の選択肢が存在しない。
その他	－

9. オランダ

名称	水・土地・堤防協会（NLD1）
概要	水・土地・堤防協会（Water, Land & Dijken Association）は、オランダの自然保護を目的とする地域の農業者の協同組織である。同協会は農業者の組織化と動機付けを行い、草地の保全活動を行うとともに、保全手段の内容と取組対象地域についての指針も提示している。
活動地区	オランダ北部のラーグ地方（5万ヘクタール）
公共財	生物多様性（野鳥が中心）。農村景観。農地保全。グリーンツーリズム。教育。文化遺産。
活動開始時期	1997年、農家と自然保護論者の間の既存の協力関係をより専門化するとともに、公共財とサービスの「マーケティング」を行うため、独立した地域組織として設立された。
集団の規模	会員650名中、500名が農家。
参加者	農家。市民。
活動内容	1) 野鳥及び越冬中の鴨の保護を目的とする農業環境に関する契約の締結。2) 野鳥保護計画の検討。3) 他の生態系サービスの向上。4) 保全スキルに関するトレーニングと教育。5) 保全地域の農家との適切な保全手法についての協議。6) その他の農村開発活動の促進。7) 農地保全のための資金調達。
農家の役割	公共財供給のための保全手段の実施（巣の保護、収穫を遅らせる）。情報・トレーニング部会への出席。
非農家の役割	資金面で協会を支援。一部は保全ボランティアやアドバイザーとして積極的に参画。
政府の役割	地域アプローチに関する規則の策定。共同行動、活動の監督、支払い、モニタリングといった協会業務に対する補助金の交付。
共同行動に影響する要因	深刻な資源問題の存在。長期にわたる自然保護の歴史。大都市近郊という地理的条件。農家の自律性。地域におけるリーダーシップ。農業環境に関する既存の協力体制。経済の脆弱性。分権化。
農家の共同行動の参画に影響する要因	農地横断的な公共財の存在（野鳥等）。脆弱な農家経済と金銭的インセンティブの利用可能性。協会に対する信頼。
その他	オランダ政府は2010年、ポスト2013共通農業政策（CAP）下における4つの「環境サービスの共同供給のためのパイロットプロジェクト」の1つに同協会を選出した。

10. ニュージーランド

名称	**持続可能な農業基金 − アオレレ集水域プロジェクト（NZL1）**
概要	ニュージーランド第一次産業省は2000年、農業者、生産者、森林労働者による草の根活動に資金を提供するため「持続可能な農業基金（Sustainable Farming Fund）」を導入した。アオレレ集水域プロジェクトは、酪農家や養殖業者等の地域のメンバーが主導している。農業者団体は、持続可能な農業基金による資金提供を受け、持続可能な水管理に関する複雑な問題に取り組んでいる。
活動地区	ゴールデンベイのアオレレ地区（南島タスマン地方）。
負の外部性の削減	アオレレ集水域の水質改善。
公共財	生物多様性。
共有資源管理	アオレレ集水域（共有資源）。
活動開始時期	地域の養殖業者が水質悪化のため廃業の危機に直面し、当該問題について公の場に訴えに出たことに由来する。これを受け、地域の酪農家は、NGOの支援を受けて水質改善の取組を開始し、持続可能な農業基金による資金援助を申請した。
集団の規模	酪農家33名。
参加者	酪農家。NGO。地方公共団体。国。
活動内容	水質悪化の原因と考えられる要因を特定するために科学的調査を委託。農法の変更。
農家の役割	水質改善を図るため、農業者の団体を立ち上げ、農法の変更に取り組む。
非農家の役割	科学的情報等の助言の提供。農業者の組織化の支援。資金調達プロジェクトの実施。
政府の役割	ニュージーランド第一次産業省（国）：3年間の資金提供（持続可能な農業基金）を実施し（2006～2008年）、隣接地域にプログラムを拡大（2009～2011年）。 タスマン地方協議会（地方公共団体）：家畜が水路に近づかないよう設ける柵の材料を農家に提供。
共同行動に影響する要因	共有資源の維持に関する認識の共有。環境資源に関する知識。ソーシャル・キャピタルと小規模な集団。農家主導の取組。コミュニケーション。個々の状況に合わせた個別計画。資金援助。仲介者やコーディネーターの存在。より広範囲のコミュニティを巻き込んだ取組。
農家の共同行動の参画に影響する要因	経済的動機。ソーシャル・キャピタル。近隣農家の行動。
その他	−

10. ニュージーランド

名称	東海岸林業プロジェクト（NZL2）
概要	ギズボーン地方では深刻な土壌侵食の問題が発生しており、ニュージーランド第一次産業省の東海岸林業プロジェクト（East Coast Forestry Project）は、土地所有者に対して植林及び深刻な土壌侵食を防止するための補助金を交付している。また、ギズボーン地方協議会（Gisborne District Council）は、土地利用規則により土地所有者に対して深刻な土壌侵食に対する対応をとることを義務化し、この取組を補完している。
活動地区	北島中心部の北東部に位置するギズボーン地方。
負の外部性の削減	土壌浸食の抑制。
公共財	炭素貯留。水質改善。生物多様性。
活動開始時期	深刻な土壌侵食は、農業及び地域のインフラに長期にわたるダメージを与えるだけでなく、川の堆積量を増加させることにより水質を低下させることとなる。大規模な土壌侵食の問題に対処するため、ニュージーランド第一次産業省は、1992年に東海岸林業プロジェクトを開始した。
集団の規模	356名の補助金受給者が、35,552ヘクタールを対象に活動。目標面積は6万ヘクタール。
参加者	土地所有者。地方公共団体。国。
活動内容	補助金を活用した植林、若い樹の植樹、天然林への回帰による持続可能な土地管理。土壌侵食が発生している土地の所有者への情報提供。土壌保全に関する委託研究の実施。
土地所有者の役割	土壌侵食による問題の発生を認識し、ギズボーン地方協議会又はニュージーランド第一次産業省に連絡。ニュージーランド第一次産業省に資金提供を申請。対策の実施（植林、若い樹の植樹、天然林への回帰）。
土地所有者以外の役割	―
政府の役割	ギズボーン地方協議会（地方公共団体）：土地所有者の申請準備及び計画策定を支援。地域計画で対象区域を定める際のルールの制定。土地所有者に土壌侵食対策の実施を要請。 ニュージーランド第一次産業省（国）：東海岸林業プロジェクトの制度設計をし、土地所有者に補助金を提供。年間支払請求を監査。
共同行動に影響する要因	深刻な資源問題。科学的知識。大規模な集団。林業。政府からの資金援助。地方公共団体による規制手段。国と地方公共団体の間の効果的な協力体制。
共同行動に向けた土地所有者の行動に影響する要因	経済的動機（資金）。政府によるアプローチ。土壌侵食対策を義務化する規制。
その他	―

10. ニュージーランド

名称	**北オタゴ灌漑会社（NZL3）**
概要	北オタゴは、ニュージーランド南島東海岸に位置する小さな地域。農業用水の安定的な確保を目指し、農家が主導して北オタゴ灌漑会社（North Otago Irrigation Company Ltd）を設立。地域のパートナー、オタゴ地域協議会、ワイタキ地域協議会、その他の組織と協力して、2006年に農業用水を大規模供給するスキームを開始した。
活動地区	南島東海岸の北オタゴ地域。
クラブ財 公共財	農業用水の安定的な供給（クラブ財）。 生物多様性。文化的価値（公共財）。
活動開始時期	北オタゴ地域の農家は、乾燥した環境と主要河川の水需要超過により、農業用水の安定的供給の確保に苦労していた。農業用水の安定的供給に対する強いニーズから、農家は農業用水の安定的供給を目的とする北オタゴ灌漑会社の設立に向け、主導権を取るに至った。
集団の規模	北オタゴ灌漑会社の株主100名。北オタゴの約1万4千ヘクタールの農地に水を供給。
参加者	北オタゴ灌漑会社。農家。地方公共団体。
活動内容	農家に安定的に農業用水を提供する。水質と環境を改善する。
農家の役割	農業用水の安定供給の確保を目指して北オタゴ灌漑会社の結成を主導した。農家は、北オタゴ灌漑会社の株主となることにより、北オタゴ灌漑会社のスキームを利用した安定的な農業用水の供給を受けることができるようになる。また、持続可能な農業を実現するため、環境農場計画を立て、実行する。
非農家の役割（北オタゴ灌漑会社）	株主に農業用水を安定的に供給するとともに、農家の監査と環境農場計画の実施状況の確認を行う。定期的に環境パフォーマンスを検証し、進捗状況をオタゴ地域協議会及びその他の関係者に報告する。環境面において持続可能な灌漑システムを実現するため、安定的かつ効率的な水利用を促進する。
政府の役割	オタゴ地域協議会：北オタゴ灌漑会社と共同で排水方針を策定し、近隣の関係者との間で排水契約締結交渉を行う。 ワイタキ地域協議会（北オタゴ灌漑会社スキーム設立時に資金提供）：インフラ整備に1千万ニュージーランドドルを投資。
共同行動に影響する要因	広範な対象地域。資源に対する強いニーズ。クラブ財（1名の供給者が多くのクラブ会員にサービスを提供）。追加的な環境保護要件。モニタリング。政府からの資金援助。地方公共団体との密接な協力。
農家の共同行動の参画に影響する要因	経済的動機（農業用水の安定供給の確保、スキーム参加によるメリット）。
その他	―

11. スペイン

名称	ベンベサル・マルヘン・デレーチャにおける灌漑コミュニティ（ESP1）
概要	スペインには 7,196 の灌漑コミュニティ（Comunidades de Regantes）が存在する。国から水利権を集団付与されている灌漑地の所有者が、こうした水利用者の団体である灌漑コミュニティを組織している。水資源は自主的な水割当ルールに基づき地域で管理（個々の灌漑農家に配分）されている。事例研究として取り上げるベンベサル・マルヘン・デレーチャ（Bembézar Margen Derecha：ベンベサル川右岸）の灌漑コミュニティは、典型的な灌漑農家のコミュニティの1つである。
活動地区	グアダルキビル渓谷（スペイン南部）の中心部に位置し、同地域では、灌漑農業に関する問題が農村開発の主要なテーマになっており、水資源が枯渇しつつある。
共有資源管理	灌漑施設の維持と合理的な水利用の確保を目的とした共有資源（共同灌漑インフラ及び水資源）の共同管理。
負の外部性の削減	水量（取水）と水質（排水と汚染）に関する環境面の負の外部性の削減。
活動開始時期	ベンベサル・マルヘン・デレーチャの灌漑地区は、1967 年、乾燥地が灌漑され、土地所有者が灌漑水利権を集団付与された後に設立された。以降、灌漑コミュニティが灌漑インフラと水資源を管理している。
集団の規模	ベンベサル・マルヘン・デレーチャの灌漑地域は、11,814 ヘクタール。灌漑コミュニティは、灌漑農家 1,296 名で構成されている。
参加者	灌漑地域の土地所有者。
活動内容	農業用水は当初、オープンネットワークにより供給され、表層灌漑施設により作物に給水されていた。輸送及び給水時に大量の水が失われること、また、流域における水需要の増大に対応するため、灌漑コミュニティは 2007 年に 5,380 万ユーロを投資してインフラ設備を近代化した。現在の灌漑ネットワークでは、高圧システムによる散水が主な給水手法となっている。その結果、貯水池からの給水量は 40%減少し、汚染の逆流は大幅に減少した。
農家の役割	ベンベサル・マルヘン・デレーチャの会員は、メンテナンス、作業、管理に関するすべての費用をカバーする利用料金を支払わなければならない。同会員は、代表、協議会会員、水審査委員会委員の選定、その他の関連する決定が行われる会議にも出席する。
非農家の役割	―
政府の役割	運営の基本ルールを示し、パフォーマンスをモニタリングすることで、灌漑コミュニティの取組を支援している。さらに、国と地方公共団体は、水利用の効率性を高めること（負の外部性の最小化）を目標に、灌漑インフラに関する新規投資の一部（約 60%）を負担している。
共同行動に影響する要因	規模の経済。自主性と自治統治。組織の管理制度（規則、モニタリング、制裁の運用）。民主的な統治。取引費用（紛争解決費用）。技術能力。ソーシャル・キャピタル。補助金。
農家の共同行動の参画に影響する要因	灌漑施設の更新の必要性。収益性の向上。新技術の利用による灌漑農家の社会厚生の向上。
その他	―

第1章　各国の経験を通じた農業環境公共財の理解　　69

11. スペイン

名称	ペドロチェ郡における動物保健協会（ESP2）
概要	スペインには、畜産農家により設立された約1,500の動物保健協会（Agrupaciones de Defensa Sanitaria Ganadera）が存在し、すべての畜産農家が動物健康共通プログラムを実施することを目標としている。事例研究で取り上げるペドロチェ動物保健協会はそうした協会の代表的な事例である。
活動地区	ペドロチェ郡（2,300平方キロメートル）は、アンダルシア自治州（スペイン南部）内陸部の山岳地帯に位置している。農業は粗放的放牧農業が中心である。
クラブ財	クラブ財：動物保健協会の主な役割は、会員の畜産農家に対して家畜疾病予防（及び人畜共通伝染病の伝染予防）を目的とするサービス（動物健康共通プログラムの実施）を提供することである。そうしたサービスは会員限定で提供される（すなわち、排除性を有するが競合性は有しないクラブ財である）。
公共財	公共財：動物福祉（家畜の疾病防止）。公衆衛生。食品の安全性（人畜共通伝染病の防止）。さらに、野生動物の疾病制御、動物の衛生対策、持続可能な生産のための技術的助言を通じて、家畜の環境への影響を最小化している。
活動開始時期	ペドロチェ郡における最初の動物保健協会は、1980年代と1990年代に設立された。こうした団体は、動物健康共通プログラムを共同で実施するために地方公共団体レベルで設立され、多くの畜産農家（それぞれ100～200名）が参加した。2007年、郡内の9つの既存団体が1つの大きな動物保健協会に統合された。
集団の規模	ペドロチェ動物保健協会は現在、郡単位で、農家1,650名から構成されており、8万5千頭の牛（酪農及び肉用）、23万頭の羊・ヤギ、14万頭の豚を管理している。
参加者	畜産農家
活動内容	動物保健協会に所属するすべての農家の農場において、衛生状態と家畜管理手法の改善を図るため、動物健康共通プログラムを実施している。
農家の役割	動物保健協会の会員は、提供される健康及び技術サービスに対して利用料金を支払わなければならない。会員は、主要な事項についての意思決定や理事長及び委員が選出される総会に出席する。
非農家の役割	―
政府の役割	国及び地方公共団体は、運営のための基本的なルールを示し、動物健康共通プログラムの実施費用の一部を負担している。また、実績をモニタリング、コントロール（要件の順守を確保）することにより、動物保健協会制度の取組を支援している。
共同行動に影響する要因	規模の経済（集団の規模）と範囲の経済（異なる家畜種や動物の健康以外のサービスも合わせて供給）。外部からの資金援助（補助金）。民主主義に基づく自治統治。法的能力。組織の管理制度（規則、モニタリング、制裁の実施）。ソーシャル・キャピタル。
農家の共同行動の参画に影響する要因	脆弱な農家経済環境での収益性向上（補助金の効率的供与と利用可能性）。動物の健康及び動物福祉に関する複雑な要件の順守。過去の疾病発生状況。
その他	―

12. スウェーデン

名称	ゾーネマッド牧畜協会（SWE1）
概要	ゾーネ湿地帯は歴史的に共有放牧地帯として利用されていた。1995年、生物多様性豊富な広大な農村景観を復元するため、非営利組織（NPO）であるゾーネマッド牧畜協会（Söne Mad Grazing Association）が設立された。協会は景観管理のための農業環境支払いを受け取っている。この農業環境支払いは、公共財の供給を目的とするものであるが、一般的な農業環境支払いであり、特に共同行動の促進を目的としたものではない。
活動地区	ヴェステルイェートランド地方ヴェーネルン湖沿い（スウェーデン西部）。
共有資源管理 公共財	湿地帯の管理（共有資源）。 生物多様性、農村景観、レクリエーション利用の可能性等。
活動開始時期	ゾーネ湿地帯は歴史的に共有放牧地帯として利用されていた。土地所有権が18世紀と19世紀に私的化された後も、20世紀中頃まで共有放牧地帯として利用されていたが、その後、1995年までスウェーデン空軍により使用されることとなった。その結果、湿地帯では草木が生い茂ってしまったことから、元通りの湿地帯を復元させるためにNPOであるゾーネマッド牧畜協会が設立され、農業環境支払いを受けて放牧を再開した。
集団の規模	牛の飼育農家3名を含む土地所有者30名。
参加者	土地所有者。農家。
活動内容	生垣の復元と維持管理のための農業環境支払いの申請。
農家の役割	牛の飼育農家は、生垣の維持管理を担当するとともに、農業環境支払いの受給要件である適切な放牧管理に関して責任を負っている。
非農家の役割	土地所有者は、ゾーネマッド牧畜協会に土地をリースしている。
政府の役割	共通農業政策による一般的な環境支払いを通じた資金援助を実施。しかし、政府の直接的な関与と、共同行動を対象とした特定の補助金は存在しない（本事例で交付されている環境支払いは個人の単独行動も対象）。
共同行動に影響する要因	共通の生垣設置と農業環境支払いの申請窓口の一本化による費用の削減。現在の資源の利用方法による共通利益の存在。当該資源に関する有効な代替利用手段の欠如。
農家の共同行動の参画に影響する要因	他者への信頼。共助、寛容、柔軟性を有する地域の文化・風習。簡潔かつ公正な規則を有する小規模な集団。
その他	―

13. 英国

名称	サウスウェスト・ウォーター及びウェストカントリー・リバートラストによる「上流地域考察プロジェクト」（GBR1）
概要	水源の水質改善を図るため、優良土地管理総合アプローチの一環として、河川集水域の保護情報を土地所有者に伝達する共同アプローチ。サウスウェスト・ウォーターが財政支援。資金援助を活用し、個々の状況に応じた助言と農場計画の立案を支援。
活動地区	イングランド南西部の4つの水源地（アッパーテイマー、ロードフォード、アッパーフォーウィ、ウィンブルボール）。
公共財 負の外部性の削減	非特定汚染源由来の水質汚染をコントロールすることにより、水源地の水質を保全。水量の確保。洪水リスクの軽減。生物多様性及び炭素貯留の向上。
活動開始時期	2009年後半、水道事業を監督しているオフウォット（Ofwat）が「上流地域考察プロジェクト（Upstream Thinking Project）」提案の水源地復元作業に対する投資案をすべて承認。それ以降、同プロジェクトは、発展、拡大中。
集団の規模	現時点で約400戸の農家。
参加者	土地管理者。農家。ウェストカントリー・リバートラスト。サウスウェスト・ウォーター。オフウォット。英国環境庁。大学研究者。ダートムーア国立公園局、エクスムーア国立公園局。デヴォン野生生物トラスト。コーンウォール野生生物トラスト。
活動内容	優良土地管理総合アプローチの一環として、河川集水域の保護情報を土地所有者に伝達する共同アプローチ。資金援助を活用し、環境と農家経済を含む個々の状況に応じた助言と、農場計画の立案支援。
農家の役割	助言の受入れ。最適な農法の採用。農業インフラ整備のための共同出資。農家間の助言、知識の共有。農法と水質の相互モニタリング。
非農家の役割	研究。水源地の評価と計画。知識の共有。普及事業とコミュニケーション。農法に関する助言。資金調達。政策提言。
政府の役割	優れた農法に関する基本規則の制定。より広範な環境規制、水道事業規制の制定。水質モニタリング。科学的支援。地域の状況に応じた水源地管理の責任権限の委譲。
共同行動に影響する要因	対話と行動のための「共有ビジョン」。農業指導員と、生態系サービスへの支払い（PES）制度の仲介者に対する地域の信頼。優れた農法に関する、信頼性が高く公正かつ農家にとって受け入れ可能な基本規則の制定。農家その他の関係者がプログラム設計と意思決定に参画することができる真正かつ十分な機会（透明性が高く、地域社会と地方公共団体に説明可能な組織の管理制度）。関連する政府と非政府組織の間の効果的な共同作業に関するパートナーシップ。
農家の共同行動の参加に影響する要因	外部要因（現行規制。将来の規制。市場のトレンドや生態系サービスへの支払いとしての農業環境支払い等の金銭的インセンティブ）。 内部要因（農家経済の潜在的な生産力と収益性。認識（農業が及ぼす水質への影響に関する科学的根拠についての認識・理解））。 社会的要因（ソーシャル・キャピタル。農家相互の信頼関係。生態系サービスへの支払いスキームの仲介者（ウェストカントリー・リバートラスト）に対する信頼等）。

参考文献

Ayer, H. (1997), "Grass Roots Collective Action: Agricultural Opportunities", *Journal of Agricultural and Resource Economics*, Vol. 22, No. 1.

Buchanan, J.M. (1965), "An Economic Theory of Clubs", *Economica*, Vol.32.

Cooper, T., K. Hart and D. Baldock (2009), *The Provision of Public Goods through Agriculture in the European Union*, report prepared for DG Agriculture and Rural Development, Contract No 30-CE-023309/00-28, Institute for European Environmental Policy, London.

Hardin, G. (1968), "The Tragedy of the Commons," *Science*, Vol. 162.

Hess, C. and E. Ostrom (eds.) (2007), *Understanding Knowledge as a Commons: From Theory to Practice*, MIT Press, Cambridge.

Hodge, I. and S. McNally (2000), "Wetland Restoration, Collective Action and the Role of Water Management Institutions", *Ecological Economics*, Vol. 35.

Kolstad, C.D. (2011), *Environmental Economics: Second edition*, Oxford University Press, New York.

OECD (1998), *Co-operative Approaches to Sustainable Agriculture*, OECD Publishing, Paris, DOI: 10.1787/9789264162747-en.

OECD (1999), *Cultivating Rural Amenities: An Economic Development Perspective*, OECD Publishing, Paris. DOI: 10.1787/9789264173941-en.

OECD (2001a), *Multifunctionality: Towards an Analytical Framework*, OECD Publishing, Paris. DOI: 10.1787/9789264192171-en.

OECD (2001b), *Improving the Environmental Performance of Agriculture: Policy Options and Market Approaches*, OECD Publishing, Paris, DOI:

10.1787/9789264033801-en.

OECD (2010), *Guidelines for Cost-effective Agri-environmental Policy Measures*, OECD Publishing, Paris, DOI: DOI: 10.1787/9789264086845-en.

OECD (2011), *A Green Growth Strategy for Food and Agriculture Preliminary Report*, OECD Publishing, Paris. http://www.oecd.org/greengrowth/sustainable-agriculture/48224529.pdf.

OECD (2012a), *Evaluation of Agri-Environmental Policies: Selected Methodological Issues and Case Studies*, OECD Publishing, Paris. DOI: 10.1787/9789264179332-en.

OECD (2012b), *Farmer Behaviour, Agricultural Management and Climate Change*, OECD Publishing, Paris. DOI: 10.1787/9789264167650-en.

Ostrom, E. (1990), *Governing the Commons; The Evolution of Institutions for Collective Action*, Cambridge University Press, New York.

Samuelson, P.A. (1954), "The Pure Theory of Public Expenditure", *Review of Economics and Statistics*, Vol. 36.

Samuelson, P.A. (1955), "Diagrammatic Exposition of a Theory of Public Expenditure", *Review of Economics and Statistics*, Vol. 37.

第 2 章

共同行動と農業環境公共財の関係

> 本章では、共同行動と農業環境公共財に関して、共同行動によりどのようなタイプの農業環境公共財を供給することができるのか、共同行動には誰が参加しているのか、共同行動はどのように開始されるのか、そのメリットと課題は何か、といった点について分析し、最後に、共同行動の成功に必要な主な要因について論じる。

「共同行動」について、Scott and Marshall（2009）は、「メンバーが共通の利益と受け止めているもののために、（直接又は別の組織を通じて）集団がとる行動」と定義している。Meinzen-Dick and Di Gregorio（2004）は、「共通の利益を達成するために集団がとる行動」と定義している。このように共同行動の定義は幅広いが、いずれの定義も、共同行動に関する2つの重要なキーワード、「集団行動」と「共通の利益」を含んでいる。

農業環境公共財を供給する共同行動には、農家だけでなく、「集団行動」をとるきっかけとなった利益を共有している非農家や組織も参加している。また、農業環境公共財の多くは、集合的かつ空間的要素を含んでいる。農業環境公共財の供給には、成果を生み出すために必要な供給量、農家間の相乗効果、個人がどのような方法でどの程度協調しているのかといった点が、影響を及ぼすこととなる（OECD, 2012a）。

また、「共通の利益」は、通常、生物多様性、農村景観、水質、共有資源の管理といった地域の農業環境問題に関するものである。政府が推進する共同行動の場合であっても、政府の大きな推進計画の下で、個々の共同行動は地域の個別具体的な問題を取り扱っている。例えば、日本の「農地・水保全管理支払交付金」（JPN3）は、農地・農業用水等の維持のため、各地の活動組織に対して補助金を交付しており、2011年には2万以上の組織が活動を実施している（農林水産省, 2012）。各地の活動組織が行う農地・農業用水等の維持活動は、地域の状況がそれぞれ異なり、その違いに応じた取組が必要であることから、地域によって異なったものとなっている。各組織は、農業者、農業団体、地方公共団体、NGOその他の適切な参加者から構成されており、どのような活動が必要かを自ら判断している。

したがって、本書では、共同行動を「地域における農業に関する環境問題に対応するため、複数の農業者が、多くの場合非農家や組織と共に、連携してとる一連の行動」と定義することとする。事例研究の結果、3つの簡単な

図2.1. 共同行動の簡単な類型

タイプ1：組織化された共同行動	タイプ2：外部機関主導の共同行動	タイプ3：組織化されていない共同行動
農家やその他の参加者が組織を構成し、メンバーとして集団で行動する。	外部機関（NGO、政府等）が（通常は同じ地域内の）農家を組織化し、集団で行動する。	農家は他の農家（及び非農家）と協力するが、独立した組織を構成しない。
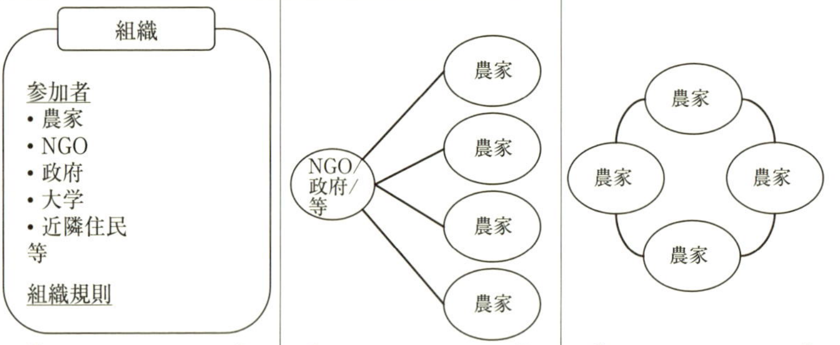 組織 参加者 ・農家 ・NGO ・政府 ・大学 ・近隣住民 等 組織規則	NGO/政府/等 → 農家（複数）	農家同士の相互協力（環状）
＋メンバー以外からの支援	＋外部からの支援（例：大学その他）	＋外部からの支援（例：大学その他）

共同行動のタイプが存在することが明らかになった（**図2.1.**）。タイプ1は、農業者と他の参加者が新たな組織を結成し、組織のメンバーとして集団的に行動する共同行動である。この場合、組織を運営するための規則と組織管理が非常に重要となる。また、特定の問題を議論するため、最も関係するメンバーによるサブグループや小委員会が設置される場合もある。タイプ2は、共通の目的を達成するため、外部の機関（NGO、政府等）が（通常、同じ地域内の）農業者を組織化して集団的に行動する共同行動である。この場合、外部の機関が強い主導権を発揮して農業者と協力する。このタイプの共同行動では、農業者間の協力は必ずしも必須ではないが、外部の機関と農業者たちは同じ目的（水質改善、土壌侵食の軽減等）を共有している。タイプ3は、

独立した組織を結成せずに、農業者が他の農業者（及び非農家）と協力するタイプの共同行動である。彼らの協力は一般的に、強力なソーシャル・キャピタルと日々のコミュニケーションに基づいていることから、このタイプはタイプ1と異なり厳格な規則や強力な組織管理を必要としない。これら3つのタイプのすべてにおいて、農業者団体、NGO、研究者等の外部からの支援が行われる場合が少なくない。

また、これらのタイプが組み合わされる場合もある。例えば、「アイダー渓谷の湿地帯復元」（DEU3）の事例では、タイプ2とタイプ3が組み合わせられている。この事例では、湿地帯を復元することを目的に、土地所有者や農家との交渉を進めるため、外部の機関（水・土地協会）が強い主導権を発揮している。また、土地所有者は協会との契約を通じて農家と協力し、自らの土地を大規模な集団放牧地域の一部として利用させることにより、湿地帯の復元を図っている。そしてこの共有地を利用して、農家は大規模な粗放的牧草地の管理を行っている。加えて、キール大学、その他の組織が技術支援を行っている。

本章では、共同行動と農業環境公共財の関係について論じる。第一に、共同行動が供給することができる農業環境公共財のタイプについて考察する。第二に、共同行動の参加者について検討する。第三に、共同行動の始まり方について分析する。第四に、共同行動のメリットについてまとめる。第五に、共同行動の課題について議論する。そして最後に、共同行動の主な成功要因を提示する。

2.1. 共同行動が供給する農業環境公共財

農業者は、農業による様々な農業環境公共財を供給するために共同行動をとっている。共同行動は、公共財が価値を有するものになるためにある一定

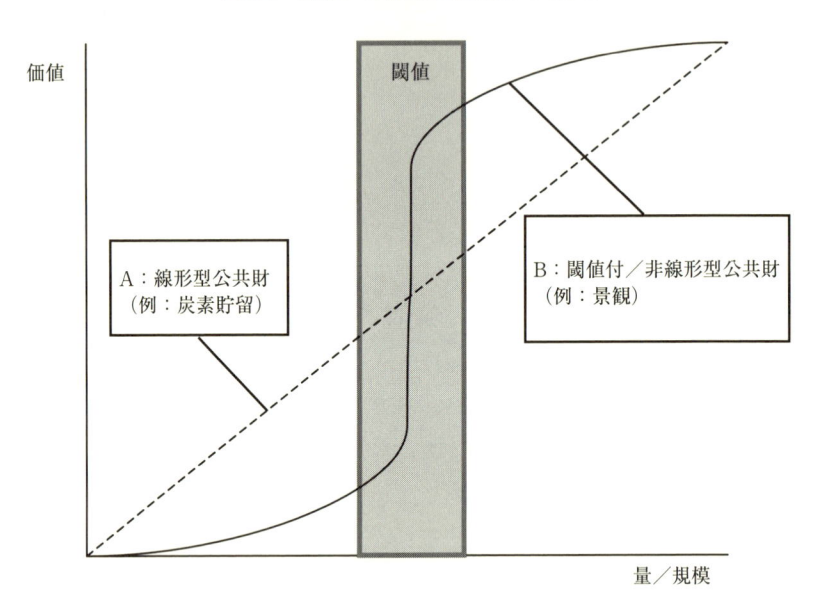

図2.2. 線形／非線形型公共財のモデル

価値

閾値

A：線形型公共財
（例：炭素貯留）

B：閾値付／非線形型公共財
（例：景観）

量／規模

程度以上の供給量が必要となる場合に、特に有益となる。こうした公共財は「閾値付公共財」あるいは「非線形型公共財」と呼ばれる（Marks and Croson, 1998）。一方、「線形型公共財」では供給量と総価値の間に線形の関係がある（Cremer and Vugt, 2002）。

図2.2.は「線形型公共財」と「閾値付／非線形型公共財」を図解している。線Aは「線形型公共財」を示している。公共財の生産量が増加すると、その価値も比例して増加する。このタイプの公共財では、最小限の供給量が必要ない。炭素貯留は、線形型公共財の一例である。例えば、不耕起栽培は各農地の土壌中に貯留される炭素の量を増加させることができ、その全体貯留量は、各農地の貯留量の単純な合計量となる。線Bは「閾値付／非線形型公共財」を図示している。こうした公共財を供給するには、最小限の供給量が必要とされ、この閾値を超えて初めて公共財は相当な規模で生産されることとなる

(Rondeau他, 1999)。農村景観がその一例である。小規模な景観は、ある特定の小さな場所では貴重なものとなりうるが、供給量が一定量を超え、一定の地理的規模を有する場合、その景観価値は大きく増加することとなる。共同行動は、公共財の供給量がこの閾値を超えるのに重要な役割を果たすことができる。

今回調査した事例では、共同行動によって供給される農業環境公共財は、農村景観、生物多様性、水質が主たるものであった。また、共同行動は、野生生物の生息地や水源地といった共有資源の管理やクラブ財の供給にも使われている。こうした財の多くは「閾値付／非線形型公共財」の特性を有している。**ボックス2.1.**ではこうした5つの事例を取り上げている。

共同行動は、農業者間の農法の調整を行ったり、政策の成果が適切な地理的規模で発揮されるように土地利用調整を行う際にも有効である。例えば、農村地域において、農業生産と生物多様性の共存を図るためには、環境にやさしい農法を取り入れることが不可欠である（Cooper他, 2009）。この場合の環境面での成果は、農法を取り入れた総面積に加えて、これらの農地の利用形態の配置状況にも左右されることがある。農法の農地間の調整を行うことが、生物多様性の保全にとって重要となる（Bamière他, 2012）。

政府は、しばしば農家に対して環境にやさしい農法を取り入れることを促し、生物多様性の保全と向上を図ろうとする。ここで重要なのは、こうした農法が農家の間にしっかりと根付くことである。この点に関して、共同行動は、農家が環境にやさしい農法を大規模に取り入れることを支援し、農業環境公共財の一層効果的な供給を可能にする。これは、農家は近隣の農家も同じ行動をとる場合にその提案を受け入れる傾向があるためである。現に、隣人がとった行動が農家の行動に影響を及ぼすことは広く知られている（例えば、White and Runge, 1994; Damianos and Giannakopoulos, 2002）。OECDのいくつかの事例（ドンメル渓谷—BEL1等）では、地域のリーダーや「模

範的な農家」が他の農家行動に影響を与えることから、彼らにアプローチし、共同行動のさらなる促進や、適切な区域での協調管理を図ろうとしている。

ボックス2.1. 共同行動が供給する農業環境公共財の例

農村景観
- ランドケア協会（DEU1）：ドイツにおけるランドケア協会（LCA）は地域の非営利団体で、自然保護と土地管理のために、農家、地方公共団体、政治家、自然保護の専門家が協力する組織である。ランドケア協会による共同行動で供給される主な公共財は、多様な農村景観、農用地内のビオトープ（生息空間）と生物多様性の保全である。これらの非線形型公共財の供給には、自然及び半自然の生息地域の広大なネットワークが必要であることから、ランドケア協会は通常地方単位で設立されている。ランドケア協会は利害関係の調整、資金調達手段の確保、具体的な対策に関する支援を行う。

生物多様性
- 水・土地・堤防協会（NLD1）：水・土地・堤防協会は、オランダの自然保護を目標とする地域の農業者の共同組織の1つである。その主な目的は、草地の保全と生物多様性（野鳥及び越冬中の鴨の保護）の向上である。そのため、水・土地・堤防協会は、野鳥管理用の「モザイク」（草地の利用パターン）を図示した地域の地図を作成するとともに、農家と個別に契約を締結して、自然保護事業の促進を目的にオランダ政府機関から交付される農業環境支払いの支払い方法を決定し（例えば、保護した巣の数に応じて補助金を支払う等）、農家とボランティアによる地域の保護作業に関する調整を行う。詳細に作成した野鳥管理用のモザイク（草地の利用パターン）に基づいて、

取組対象地域を設定するというアプローチは、野鳥の保護に効果的であると考えられている（Oerlemans他, 2007）。

水質
- びわこ流域田園水循環推進事業（JPN2）：滋賀県では、農業排水を再生利用する政策を実施している。具体的には、農業の非特定汚染源からの排水を減少させるため、水田からの排水を再生利用している土地改良区に対して補助金を交付している。この政策は、農業の非特定汚染源から琵琶湖に流入する化学物質の量を減少させるため、2004年に滋賀県が導入したものであり、この事例では、土地改良区の組合員農家が、水質改善のために、排水を農業用水として共同で再生利用している。水質の許容水準を満たすためには、閾値となる参加基準を超える必要があり、地区レベルでの共同行動が必要となる。

共有資源
- ビーバーヒルズ・イニシアチブ（CAN2）：ビーバーヒルズ地域はカナダ・エドモントン近郊に位置し、天然資源が豊富であり、市民が立ち入り可能な地域である（そのため非排除性を有している）。この地域では、住民はレクリエーション活動を楽しんでおり、建設業者は地域の増大する人口に対応する新しい住宅を建設中であり、また農業者は様々な家畜、飼料、園芸作物を飼育・栽培している。すべての関係者が限りある天然資源と土地利用の両立を望んでいるが、土地に対する開発圧力、経済的需要、そして競争は激しいものとなっている（競合性を有する）。特に、地域内の私有地（その90％は農地）は、豊富な生態系サービスの供給能力を失う危機に直面している。したがって、この大規模な共有資源（非排除性及び競合性を有する財）を保護するため、ビーバーヒルズ・イニシアチブ（BHI）では地域の保全計画を策定し、関連するデータの収集、地図の作成、資源保

全手段についての検討を行っている。このビーバーヒルズ・イニシアチブには、郡・州・連邦政府、学界、産業界、NGO等の様々なパートナーが関与している。

クラブ財
- 北オタゴ灌漑会社（NZL3）：ニュージーランド南島の東海岸に位置する小さな地域である北オタゴの農家は、以前から安定的な農業用水の確保に苦労してきた。農業用水の安定供給の確保に対する強いニーズから、農家自ら主導権を取り、地元自治体の支援を受け、農業用水の安定供給を目的とする北オタゴ灌漑会社（North Otago Irrigation Company Ltd: NOIC）を設立するに至った。この北オタゴ灌漑会社は、株主（農家）に対して大規模な給水を行っている。このサービスは株主に限られている（排他的）が、非競合性を有することからクラブ財（排他性及び非競合性を有する財）に分類することができる。競合を防ぐため、新メンバーの参加は、既存株主の水量や水圧に影響を与えない場合に限り、認められている。インフラ投資と運営システムが大規模であることから閾値が存在し、北オタゴ灌漑会社、農家、地方公共団体による共同行動が必要となっている。

　共同行動の必要性やその望ましい程度は、農業関連の外部性が影響を及ぼす地域の地理的境界とも関係する。共同行動は、個別の農地を越えて、広範な地域に影響を及ぼす外部性に対処する場合に特に有益であると考えられる。農業による外部性が他の農家や資源に与える影響は、農地からの距離に応じて異なる。図2.3.は、農業関連の割引された便益や損害の1ヘクタールあたりの全体量を、非常に単純化した形で図示している。3つのタイプの農業

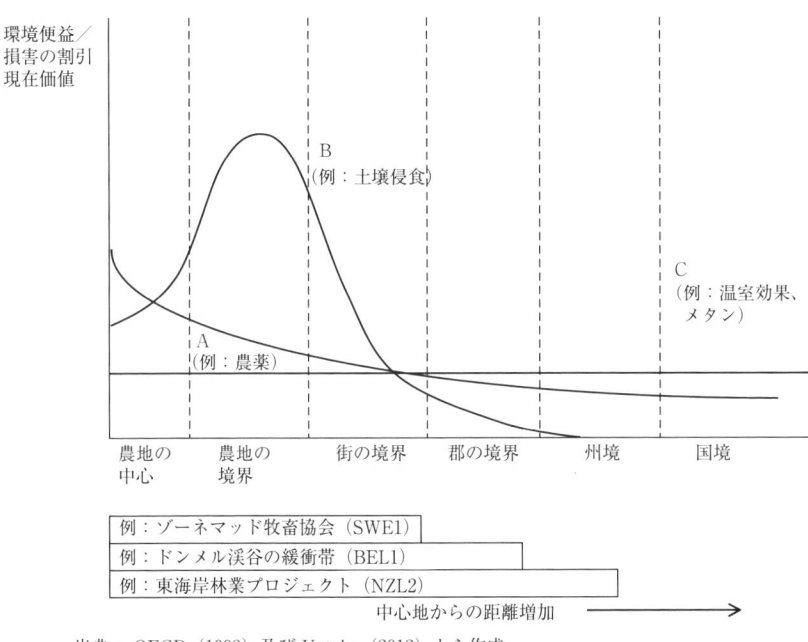

図2.3. 外部性を引き起こす農業活動のイメージ

環境便益／損害の割引現在価値

B（例：土壌侵食）
C（例：温室効果、メタン）
A（例：農薬）

農地の中心　農地の境界　街の境界　郡の境界　州境　国境

例：ゾーネマッド牧畜協会（SWE1）
例：ドンメル渓谷の緩衝帯（BEL1）
例：東海岸林業プロジェクト（NZL2）

中心地からの距離増加 →

出典：OECD（1998）及び Uetake（2012）から作成。

環境の外部性が示されており、曲線Aは農薬の例である。環境への拡散の程度は、距離に応じて徐々に低下していくものと仮定している。曲線Bは風による土壌侵食の例を示している。風が吹いている農地の土壌への被害は比較的少ない一方、近隣の農地では相当な被害が発生する可能性がある。最後に、曲線Cは、メタン等の温室効果ガス排出の例を示している。環境への影響は地球規模で起こり、広範囲に及ぶことから、限界被害は地球上に均一に現れる。

共同行動は、曲線Aと曲線Bで示される外部性に対して特に有効なものになりうる。曲線Aの場合、農薬の使用を削減することにより農家が負担することとなる純費用は、その農地周辺の土地所有者が負担することとなる影響

表 2.1. 各事例において対象とされている農業環境公共財と負の外部性

事例名	名称	公共財			負の外部性の削減[1]
		純粋公共財	共有資源	クラブ財	
AUS1	マルグレーブ・ランドケア・キャッチメントグループ	XX（水辺と湿地帯の復元、生物多様性）	X（地下水の管理）	NR	NR
AUS2	ホルブルック・ランドケア・ネットワーク	XX（生物多様性）	NR	NR	XX（土壌侵食、塩度管理）
BEL1	ドンメル渓谷における緩衝帯の戦略的設置	X（生物多様性、農村景観）	NR	NR	XX（水質改善）
BEL2	水道事業体と農家による水質管理	X（生物多様性、農村景観）	NR	NR	XX（水質改善）
CAN1	サスカチュワン州における農業環境グループ・プラン	XX（湿地帯の復元、生物多様性）	NR	NR	XX（水質改善）
CAN2	ビーバーヒルズ・イニシアチブ	X（農村景観、生物多様性）	XX（天然資源の管理）	NR	NR
DEU1	ランドケア協会	XX（農村景観、生物多様性）	NR	NR	NR
DEU2	ニーダーザクセン州における飲料水の保全協力	NR	NR	NR	XX（水質改善）
DEU3	アイダー渓谷の湿地帯復元	XX（温室効果ガス抑制、生物多様性、洪水防止機能）	NR	NR	X（水質改善）
ESP1	灌漑コミュニティ	NR	XX（共有灌漑施設の管理）	NR	X（水質と水量の改善）
ESP2	動物保健協会	X（動物福祉、人畜共通伝染病の防止）	NR	XX（会員が飼育する動物の疾病防止）	NR
FIN1	ピュハ湖復元プロジェクト	NR	XX（湖の管理）	NR	XX（水質改善）
FRA1	ミネラルウォーター製造業者と農家による水質保全	X（農村景観、生物多様性）	NR	NR	XX（水質改善）

第2章 共同行動と農業環境公共財の関係　87

表2.1. 各事例において対象とされている農業環境公共財と負の外部性（続き）

事例名	名称	公共財			負の外部性の削減[1]
		純粋公共財	共有資源	クラブ財	
GBR1	英国南西部における「上流地域考察プロジェクト」	X（生物多様性、洪水防止機能、炭素貯留）	NR	NR	XX（水質改善）
ITA1	トスカーナ州における保全管理	XX（水理地質学に基づく管理、農村景観、洪水防止機能）	NR	NR	NR
ITA2	カンパニア州のコミュニティガーデン	X（農村景観、生物多様性）	NR	XX（会員に対する農業の機会の提供）	NR
ITA3	アオスタ渓谷における山間牧草地の管理	XX（水理地質学に基づく管理、農村景観、生物多様性）	NR	NR	NR
JPN1	魚のゆりかご水田プロジェクト	XX（生物多様性）	NR	NR	NR
JPN2	びわこ流域田園水循環推進事業	NR	NR	NR	XX（水質改善）
JPN3	農地・水保全管理支払交付金	NR	XX（農業用水等の維持）	NR	NR
NLD1	水・土地・堤防協会	XX（生物多様性、農村景観）	NR	NR	NR
NZL1	持続可能な農業基金（アオレレ集水域プロジェクト）	X（生物多様性）	X（アオレレ集水域の管理）	NR	XX（水質改善）
NZL2	東海岸林業プロジェクト	X（炭素貯留、生物多様性）	NR	NR	XX（土壌侵食の管理）
NZL3	北オタゴ灌漑会社	X（生物多様性）	NR	XX（会員に対する水の供給）	NR
SWE1	ゾーネマッド牧畜協会	XX（生物多様性、農村景観）	XX（湿地帯における放牧管理）	NR	NR

表 2-1 の注

NR：該当なし、又は微少。X：重要。XX：非常に重要。
1. これまでの章でも述べたように、多くの場合、公共財と外部性は、重複していることに留意する必要がある。つまり、いくつかの事例において、対象とされている財が、表 2.1.の複数のカテゴリーに属している。例えば、水質と水量は非排除性と非競合性の性質（すなわち公共財の性質）を備えている（Cooper 他, 2009）。一方、農業は水資源の利用可能性と水質の両方に負の影響を及ぼす。農業は水の最大の消費者であり、農業活動は、公共財である水の貯蔵量や水質を著しく低下させる。また、肥料と農薬の不適切な使用や持続不可能な営農方法は、水質と利用可能な水量を低下させうる（負の外部性）。しかし、特定の管理手法を取り入れることにより、水質と利用可能な水量を相当程度改善することができる場合がある。例えば、河川の流域に沿って緩衝帯を設置したり、耕地から草地への転換を図ることにより、水質の改善が可能となる（Cooper 他, 2009）。農業が水資源に与える負の外部性が、非排除的かつ非競合的であるように、規制水準を超えて、共同行動により改善される水質や水量も非排除性と非競合性を有しており、これらは公共財や正の外部性とみなすことができる。表 2.1.では単純化のために、水質は負の外部性として分類している。これは、農業関連の水質改善のほとんどが、農業による農薬や化学肥料の使用削減に関係しているためである。

と比較して、非常に高額になる可能性がある。しかし、近隣農家の不適切な農薬使用の結果、当該農家がより多くの農薬を使用しなければならなくなる場合など、近隣農家の取組により農薬使用の必要性が影響を受ける場合もある。そうした状況では、農家は適切な農薬の使用に向けた共同行動をとる動機を有していると考えられる[1]。

　曲線Bの場合、ある農家の活動により発生する環境費用の大部分が、近隣の農地に外部性として影響を及ぼしている。この農家がそうした外部性を発生させる唯一の農家である場合、影響を受ける土地所有者が当該農家に金銭を支払い、改善策を取らせることが有効かもしれない。しかし、一般的には、当該農家自身が近隣の農家が引き起こす外部性の影響を受けており、さらにその近隣農家はまた別の農家が引き起こす外部性の影響を受けている。このような場合、これらの農家は地域のすべての農家を巻き込む共同行動計画を立てる必要があるかもしれない。

　曲線Cの場合は、たとえ共同行動をとったとしても、地域の便益は世界全

体が享受する便益に比べて極めて小さいものになる公算が高く、農家やその近隣農家は、環境への影響を軽減させる経済的な動機をほとんど持たない。さらに、そうした便益を今の世代の人々が享受できるとも限らない。加えて、関係者が数億人単位で存在することから、全ての関係者が1つの集団として解決策を見出すことは困難である。従って、このような越境型の問題では、より大きな代表的組織、すなわち政府による調整が必要となる。

ボックス2.2.で示しているように、本書で取り上げた事例の多くは、各農地単位から町、あるいは、郡といった地理的範囲をカバーしている。こうした事例は、共同行動が曲線Aと曲線Bで示されている外部性への対処に特に有効である可能性を示唆している。

表2.1.は、OECDの事例研究において、共同行動によって供給されている農業環境公共財と削減されている負の外部性を取りまとめたものである。これによると、共同行動により、複数の公共財が同時に供給（又は負の外部性が削減）されていることがわかる。つまり、共同行動は「範囲の経済」を有していると考えられ、複数の財を協調して供給することにより、個別に供給する場合と比較して供給費用を引き下げることができると考えられる。

本書により、OECD加盟国で供給されている農業環境公共財には様々なタイプがあり（生物多様性、農村景観、水質、共有資源等）、そして共同行動はこうした問題に効果的に対応することができる可能性があることが明らかとなった。しかし、農業環境問題に対する最適なアプローチを明らかにするためには、関連する全てのアプローチ（個別対応と共同行動による対応）及び政策（規制、農業環境支払い、取引可能なクレジット等）を比較することが必要となる。資源問題のタイプによって、政策介入の結果が異なるかどうかについて明らかにするためには、様々な対策とその対象とする資源問題との関係性について、更に分析を行う必要がある。これは将来の研究において更に検証されるべき点である。

> **ボックス2.2. OECD事例研究における共同行動の地理的範囲の例**
>
> 「ゾーネマッド牧畜協会」(SWE1)の地理的範囲は、低湿地帯の放牧地域(おおよそ160～200ヘクタール)である。農家3名を含む土地所有者30名は、湿地帯の復元、農村景観の供給、生物多様性の保全のため、個々の農家・土地所有者の農地の境界を越えて共有の湿地帯を管理するため、同協会を設立した。
>
> 「ドンメル渓谷における緩衝帯」(BEL1)の地理的範囲も、各農地の範囲を越えるものとなっている。ドンメル渓谷の水質を改善するため、ドンメル渓谷ウォータリング(「ウォータリング」とは、地域単位で水の管理を行うベルギーの団体)と7つの地方公共団体の農家は、ドンメル渓谷の河川と接する総延長32kmの緩衝帯を戦略的に設置し、その管理を行っている。
>
> 特に、問題が深刻かつ広範囲に及ぶ場合、共同行動により郡の境界を越えた広い範囲を管理することができる。「東海岸林業プロジェクト」(NZL2)の地理的範囲は、ニュージーランド・ギズボーン地方で激しい土壌侵食の損害を被っている地域(約6万ヘクタール)を対象にしている。この問題に対処するため、土地所有者、地方公共団体、ニュージーランド第一次産業省が協力している。

2.2. 共同行動とその参加者

共同行動は集団による行動である。したがって、農業による一連の農業環境公共財を供給するために、農家、農業者団体、NGO、地元住民、民間企業、大学、研究センター、政府等の様々な関係者が参加している。表2.2.は、

OECDの25の事例研究における各参加者の参加状況をまとめたものである。共同行動には主に3つのタイプの参加者、すなわち、農家、非農家、政府が存在する。これらの参加者の主な役割は、一般的には以下の通りである。

- 農家：通常、農家は集団の中心となり、共同行動のために労力と必要な資材を提供する。農家は農地を所有又は管理しており、公共財の供給や負の外部性の削減の機会を有している。農家は共同行動の参加者として、革新的な農法を取り入れ、農業環境公共財を供給し、負の外部性を削減する。
- 非農家：非農家は、共同行動に必要な知識と専門技術を提供する。非農家は、仲介者やコーディネーターとなり、人々を結びつけ集団の形成を支援することができる。コーディネーターは、計画、運営、コミュニケーション、組織の支援を通じて共同行動を支援することができる。
- 政府：政府は2つの異なる役割、すなわち、参加者としての役割と参加はしないがサポーターとしての役割を果たすことにより、共同行動に貢献することができる。非参加者としての政府は、共同行動のバックグラウンドとなる技術支援、活動に対する資金援助、関連規則の制定等の様々な政策を通じて、共同行動を支援することができる。この場合、政府は時に、地域横断的な政策プログラム（例えば、「ランドケアプログラム」（AUS1及びAUS2）等）を展開し、各地で多くの共同行動を推進する。一方、参加者としては、政府の職員がミーティングに参加し、共同行動のための個別具体的な助言と支援を行うことが多い（例えば、「ビーバーヒルズ・イニシアチブ」（CAN2）等）。政府が直接の参加者である場合であっても、当該事例において、資金援助やメンバーに対して共同行動の実施を強く要請することが必要な場合などは、これらの措置が取られることもある。

表2.2.は、今回取り上げた25の事例研究の中には、農家のみで構成される

表 2.2. 事例研究における共同行動と参加者

事例名	名称	農家	農業者団体
AUS1	マルグレーブ・ランドケア・キャッチメントグループ	X	
AUS2	ホルブルック・ランドケア・ネットワーク	X	
BEL1	ドンメル渓谷における緩衝帯	X	
BEL2	水道事業体と農家による水質管理	X	
CAN1	農業環境グループ・プラン	X	
CAN2	ビーバーヒルズ・イニシアチブ	X	X
DEU1	ランドケア協会	X	X
DEU2	ニーダーザクセン州における飲料水の保全協力	X	X
DEU3	アイダー渓谷の湿地帯復元	X	
ESP1	灌漑コミュニティ	X	
ESP2	動物保健協会	X	
FIN1	ピュハ湖復元プロジェクト	X	
FRA1	ミネラルウォーター製造業者と農家による水質保全	X	X
GBR1	「上流地域考察プロジェクト」	X	
ITA1	トスカーナ州における保全管理	X	X
ITA2	カンパニア州のコミュニティガーデン	9	
ITA3	アオスタ渓谷における山間牧草地の管理	X	
JPN1	魚のゆりかご水田プロジェクト	X	
JPN2	びわこ流域田園水循環推進事業	X	X
JPN3	農地・水保全管理支払交付金	X	X
NLD1	水・土地・堤防協会	X	X
NZL1	アオレレ集水域プロジェクト	X	
NZL2	東海岸林業プロジェクト	X[11]	
NZL3	北オタゴ灌漑会社	X	
SWE1	ゾーネマッド牧畜協会	X	

1. 政府は集団に参加して直接的な支援を行うことがあるが、政策プログラムを通じて共同行動を支援する場合もある。表にはこの非参加者の場合の事例も含まれている。そうした支援には、資金援助及び技術支援の両方が含まれている。農業環境支払いの一部は、個人と集団の両者が利用でき、必ずしも共同行動の促進を特に目的としたものとは限らない。
2. 非営利組織（Non-Profit Organisations: NPO）。
3. EU の政策（農村開発プログラム等）は、中央政府からの支援に分類している。
4. ピドゥパ（Provincialand Intermunicipal Water Company of the Province of Antwerp: Pidpa）は純粋な民間企業ではない。同社の株主は、アントワープ州、州内の 65 の郡、アントワープ・ウォーター・ワークス（Antwerp Water Works）（同州の別の水道事業体）となっている。
5. 農家との協力を行う水道事業体を直接的に支援する政策は存在しないが、フランドル地域の行政担当者は、ピドゥパが立ち上げた地域ネットワークに参加して技術支援を行っている。
6. フランス国立農学研究所（INRA）の公的研究共同体（コンソーシアム）が技術支援を行っている。

第 2 章 共同行動と農業環境公共財の関係　93

非農家				政府[1]	
NGO／NPO[2]	地元住民	民間企業	その他(大学等)	中央政府[3]	地方公共団体
	X	X	X	X	X
	X	X	X	X	X
X				X	X
X		X[4]		X[5]	
X				X	X
X	X	X	X	X	X
X	X	X	X	X	X
			X	X	X
			X	X	X
X				X	X
X				X	X
X	X	X	X	X	X
		X		X[6]	[7]
X		X	X	X[8]	
				X	X
X					
	X			X	X
	X				X
					X
X	X	X	X	X	X
X	X			X	X
X			X	X	(X)[10]
				X	
		X[12]			X
X	X			X[13]	

7. 間接的な政府の関与が存在する。例えばヴィッテル地域は、土地統合管理プログラムによる支援を受けている。当該プログラムにより、対象地域の土地再編の促進支援や集約農業に由来する非特定汚染源からの汚染を抑制するための農法の変更支援などが行われていた。しかし、ミネラルウォーター製造業者と農家との間の契約は、私的な契約となっている。
8. 政府は環境庁を通じて技術支援を行っているが、直接的な資金援助は行っていない。
9. 地元住民が野菜栽培を行うコミュニティガーデンの管理は、地域のNGOにより行われており、農家はプロジェクトに参加していない。
10. 持続可能な農業基金プロジェクトには、地方公共団体から支援を受けているものもあるが、すべてのプロジェクトが地方公共団体からの支援を受けている訳ではない。
11. 土地所有者(林業従事者、農家等)。
12. 北オタゴ灌漑会社は、ニュージーランド会社法に基づく法人企業であり、農家が同社の株主となっている。
13. この事例では、一般的な農業環境支払い(EUの農村開発プログラム)を受け取っているが、当該支払いは、個人、集団のいずれにも交付可能なものであり、特に共同行動の促進を目的とした政策ではない。

表 2.3. 農家主導、非農家主導、政府主導による共同行動の例

タイプ	事例の概要
農家主導の共同行動	ニュージーランドの「アオレレ集水域プロジェクト」（NZL1）は、酪農家が主導するプロジェクトである。地域の水産養殖業者が水質悪化のため廃業の危機に直面したことから、水質悪化問題について公の場に訴えに出たことに由来する。これを受け、地域の酪農家はNGOの支援を受けて水質改善に向けた自発的な取組を開始した。彼らはニュージーランド第一次産業省の「持続可能な農業基金」による支援を申請し、同基金を活用して、水質悪化の原因を明らかにするための科学的調査を委託し、水質改善を図るために必要な農法の変更を行った。
非農家主導の共同行動	「ミネラルウォーター製造業者と農家による水質保全」（FRA1）は、民間水道事業体であるヴィッテルが主導した例である。ヴィッテルは、水質改善のために水源地域の農家の集団と契約を締結し、農家はこの契約に基づき、集約農業による非特定汚染源からの汚染を減少させるために必要な農法の変更を行った。
政府主導の共同行動	滋賀県の「魚のゆりかご水田プロジェクト」（JPN1）は、魚が水田で産卵することができるようにするプロジェクトである。農家は補助金を受け取る代わりに、排水路の水位を上昇させ、魚が自由に湖から水田に遡上し、水田にとどまることができるようにする。現代の水田は深い排水路を伴っていることから、こうした方法を取らない限り、琵琶湖の魚が遡上して水田で産卵することはできない。排水路は複数の農家に共有されているため、水位を調整するには農家による共同行動が必要となる。この共同行動は、生物多様性を改善し、環境にやさしい農業を促進するため、滋賀県が主導権を取って導入した。

共同行動が存在しないことを示している。すべての事例において、非農家や政府（参加者あるいは非参加者として）が参加しており、「ミネラルウォーター製造業者と農家による水質保全」（FRA1）と「カンパニア州のコミュニティガーデン」（ITA2）以外のすべての事例で、政府が支援を行っている。このことは、共同行動において、農家以外の参加者と政府の役割が極めて重要であることを示している。

共同行動は、参加者のタイプに基づいて、農家主導の共同行動、非農家主導の共同行動、政府主導の共同行動の3つのタイプに分類することができる。しかし、多くの事例ではこうしたタイプの2つないし3つが組み合わされて

おり、参加者は協力して主導権を取り共同行動を実施している。したがって、すべての事例をこの類型で分類することはできない。**表2.3.**はOECDの事例からいくつかの事例を抽出したものである。

2.3. 共同行動の活動開始

これら3つのタイプの共同行動（農家主導、非農家主導、政府主導）は、共同行動が始まるきっかけについても同様に、1）農家が自発的に集団を結成して行動を始める場合、2）非農家が時に仲介者として、農家の共同行動を支援する場合、3）政府が主導権を取って共同行動を始める場合の3つのパターンが存在することを示唆している。最初の2つはボトムアップアプローチ、3つ目はトップダウンアプローチと言うことができる。

最初の2つのパターンについては、共同行動を始めるのにあたって、2つの重要な初期条件、すなわち、「共同行動の便益」と「農業環境問題の深刻さ」が関係している。第一に、「共同行動の便益」を受ける者がリーダーとして、集団を結成することが重要となる。Olson（1965）は、共同行動による十分な便益がある場合、個人は共同行動をとると主張する。この説はLubell他（2002）によっても支持されている。Lubell他（2002）は米国における900以上の流域パートナーシップの活動開始理由について分析し、共同行動による潜在的利益が新しい組織を立ち上げて維持するための取引費用を上回っている場合に、共同行動が開始される傾向があることを明らかにした。例えば、ヴィッテルが主導権を取って農家との契約を締結して水質改善のための取組を開始したのは、水質の改善がヴィッテルにとって非常に重要であり、かつその便益が農家に支払う補償費用を上回っていたためである（FRA1）。

「農業環境問題の深刻さ」も共同行動の契機となりうる。Lubell他（2002）によると、米国における流域パートナーシップは、農業及び都市排水による

深刻な公害問題に直面した場合に開始される確率が最も高い。深刻な問題は、共同行動を始める動機となり、そして共同行動によるメリットについての認識も高めることになる。実際、「水・土地・堤防協会」(NLD1) の場合は、長年の保全努力にもかかわらず野鳥の数が減少していた。この厳しい現実が、参加者に対して、野鳥の種と数を保護するため、より積極的な行動をとらせるとともに、農地の境界を越えた地域的な協力体制を構築することへとつながった。「ホルブルック・ランドケア・ネットワーク」(AUS2) の場合は、オーストラリア南東部のホルブルック地域で20年以上にわたって、地域における植生管理に取り組んでいる。この地域では、放牧と耕作により原植生の85％が変更されてしまっており、グループは、この地域の生物多様性の向上と土地の塩度管理、土壌侵食対策のために共同行動を開始した。

　一部の研究は、共同行動の最初の一歩を踏み出すためには、十分な数の参加者が必要であると主張している（例えば、Granovetter, 1978）。この必要な数、すなわち閾値は事例によって異なりうるが、どのような場合であっても、共同行動の重要性について認識を共有することが、活動開始の一つの引き金となる。こうした認識が集団にあれば、共同行動の参加者数は、容易に最低限の閾値を上回るようになる。

　一方、政府の主導により共同行動が開始される場合というのは、公共財の供給や負の外部性の削減を市場に委ねると十分に保証されないような場合である。例えば「トスカーナ州における保全管理」(ITA1) の場合、近年の異常気象の影響もあり、水理地質学に基づく保全管理を行うことが、環境面における重要な優先課題であった。しかし、11万5千ヘクタール以上に及ぶ山岳地帯と約1,500kmの河川の管理を行うことができる主体が存在しなかった。このため、水理地質学に基づく管理を導入することによって地域で生産される公共財（農村景観、洪水防止機能等）の供給を確保するため、地方自治体が主導権を握り、農家と協力して、共同行動を開始した。「びわこ流域田園

水循環推進事業」(JPN2) の場合は、滋賀県が主導権を取り、琵琶湖への化学物質の流出を減らすための共同行動を開始した。滋賀県は、水田からの排水を再生利用するため、土地改良区に対して補助金を交付している。この県の補助金がなければ、農家にとって、自発的に排水を再生利用する経済的動機がない。この事例では、同じ土地改良区に属する農家は、共同で排水を農業用水として再生利用することとなる。

多くの場合、複数の参加者が共同行動を主導している。農家が自発的に政府と協力する場合には、トップダウンとボトムアップの双方のアプローチによる共同行動が取られる場合がある。たとえ、トップダウンの形態であっても、滋賀県の「魚のゆりかご水田プロジェクト」(JPN1) の事例に見られるように、共同行動はある程度、農家の自発的な協力に基づいている[2]。これらのすべてのタイプの共同行動において、「共同行動の便益」、「農業環境問題の深刻さ」、そして「政府の政策」が、共同行動の活動開始の契機となりうる。

2.4. 共同行動のメリット

本節では、文献研究と事例研究に基づき共同行動のメリットについて議論する。主なメリットは、地理的及び生態学的な規模の経済、費用の削減、能力の向上、地域の問題への対応である。

地理的及び生態学的な規模の経済

共同行動は地理的、生態学的な「規模の経済」を有している。共同行動では個々の農家が、法律上、行政上の境界を乗り越え、地理的、生態学的に適切な規模で問題に対処することができる (**図2.3.**)。共同行動では、個々の農家では供給や保護が不可能な農村景観や生物多様性等、地理的に規模が大き

い公共財を供給することが可能となる（Davies他, 2004）。共同行動には多くの農家や非農家が参加することから、参加者間の協調行動と能力や資源の共有を通じて、広範な地域を対象とすることができる。さらに「ランドスケープ・ベース」の土地管理を行うことにより、個々の農地が供給する場合と比べ、より大きな公共財のメリットを供給することができる（Mills他, 2010）。文献研究と事例研究によると、以下のような地理的、生態学的な「規模の経済」の例がある（ボックス2.3.）。

ボックス2.3. 地理的及び生態学的な規模の経済の例

湿地帯の復元：Hodge and McNally（2000）は、ウェールズにおける湿地帯の復元について分析を行い、湿地帯の復元による環境面の便益を高めるためには、保護地域だけでなく隣接する土地も管理することが必要だと論じている。湿地帯は周辺地域の影響を受けており、復元すべき地域が1人の農家が所有する土地のみだという場合はほとんどない。そのため、湿地帯復元の適切な管理には共同行動が必要となる。この主張はOECDの事例研究でも裏付けられている。例えば、「マルグレーブ・ランドケア・キャッチメントグループ」（AUS1）は、水辺と湿地帯の復元を行い、グレートバリアリーフ（ユネスコの世界遺産）に注ぐマルグレーブ川の水質改善を図っている。農家はボランティアと協力して、肥料の使用効率の向上と土壌侵食の軽減を目的とした農業用機械の開発、土壌の栄養分の状態と水質のモニタリングを行っている。また、湿地帯の復元に関する学校向けプログラムと公開情報セッションも実施している。「アイダー渓谷の湿地帯復元」（DEU3）は、共同行動が個別の農地を越える広範な地域をカバーすることができることを示す別の事例である。公的機関、非営利組織、土地所有者、農家が共同で、集約的な農地

利用の縮小、排水システムの解体、土地の再湿地化を進めている。

負の外部性の削減：共同行動は負の外部性を削減する上でも有効である。例えば、非特定汚染源負荷は法律上、行政上の境界を越えるものであるため、小規模な活動では適切なモニタリングを行うことが困難であるが、大規模な共同行動であればより容易にモニタリングをすることができる（Pollard他, 1998; Davies他, 2004）。OECD加盟国における多くの共同行動の事例では、農家、土地所有者、NGO、政府が共同で負の外部性に対応している。例えば、「ピュハ湖復元プロジェクト」（FIN1）は、フィンランド南西部にあるピュハ湖の富栄養化の進展を食い止めようとするものである。このプロジェクトでは、水質に影響を与える広範な活動をカバーするため、約20の組織、100名の農家、20名の漁師が参加しており、それぞれの知識と能力や資源を共有し、活用している。「ニーダーザクセン州における飲料水の保全協力」（DEU2）の場合は、農家と水道事業体が指定地域において飲料水の水質の維持と改善や硝酸性窒素により悪化した地下水の汚染拡大防止を図るために、共同行動を始めた。この共同行動では、地域の保全枠組みの策定、水質保全の適切な対策の策定と実施、そして栄養分管理、水質のモニタリングと評価を行っている。

費用削減

共同行動では、「規模の経済」と「範囲の経済」により、農業環境公共財を低コストで供給することが可能になる[3]。共同行動の参加者が異なるスキルを有し、それぞれの能力や資源を共有することができる場合は、こうした能力や資源の共有と活用を図ることにより、公共財の供給費用を削減することができる（OECD, 1998; Davies他, 2004; Polman他, 2010）。このことは、

公共財が供給されるか否かという点に決定的な影響を及ぼしうる。例えば、「ベンベサル・マルヘン・デレーチャにおける灌漑コミュニティ」（ESP1）は、灌漑施設を集団で管理しているが、これは、灌漑用水の配分管理業務が、高い固定費用（モニタリング及びコントロール費用）と規模に関して収穫逓増の性質を伴う複雑なものだからである。Hodge and McNally（2000）は「規模の経済」により、大規模な共同行動がウェールズにおける湿地帯復元の限界費用を削減することができることを示している。さらに、近隣の農家は、農村景観や生物多様性等、異なるタイプの公共財を供給している。共同行動を通じ、こうした複数の財を協調して供給することができれば、個別の供給者が個々に公共財を供給する場合と比べて供給費用を下げることができる（範囲の経済）（Shobayashi他, 2011）。表2.1.は、多くの事例研究において、負の外部性を削減しながら複数の公共財が供給されていることを示している。

　農家が自発的に取り入れた農法は、地域の管理システムによりうまく適応することができる。このため、共同行動により関連する農法を取り入れることに伴う費用を抑制することもできる。効果的な共同行動のためには、集団が自らの手で解決策と実施規則を決めることが重要となる（Ostrom 1990; Mills他, 2010）。例えば、オランダでは農家自ら共同行動を実施、管理している。各共同行動の評議会が政府と協力しながら地域における特定の目標を定め、農家が取るべき対策を決定している。評議会のメンバーは近隣の農家であり、このことは農家に共同行動に参加するように促し、農家間の農法の調和を促進させる要因にもなる（White and Runge, 1994; Damianos and Giannakopoulos, 2002）。こうした地域に即したアプローチを採用することで、政府が補助金を交付しなくても、農家は適切な農法を取り入れるようになり、その結果、共同行動が一層確固たるものとなる。そして、地域により多くの利益をもたらすとともに、費用対効果も向上させることにつながる（「水・土地・堤防協会（NDL1)」）。このように、共同行動は、農家主導による生態

系サービスの管理を促し、農法を取り入れる際に発生する費用を引き下げることができる。

知識の共有と能力の向上

共同行動により、メンバーが比較的低コストで知識と情報の収集、共有を行うことが可能になり（OECD, 1998）、個々の農家のレベルでは達成できないような形で、農家の能力を向上させることができる。例えば、共同行動では様々な関係者や土地所有者を取り込むことにより、それぞれの知識、スキル、組織を活用することができる（Hodge and Reader, 2007）。こうした形の共有を図ることにより、資源管理に関する複数の目的を調和させたり、意思決定の信頼性と正当性を向上させたりすることができる。これは、関連資金の獲得を容易にするだけでなく、将来の変化に対する理解と対応力の向上ももたらす（Davies他, 2004）。さらに共同行動により、様々な参加者の協働からイノベーションが起こり、新たな知識が生み出される場合もある。木南（2012）は、各参加者が異なる種類の知識を有している一方で、地理的、制度的、技術的、組織的、社会的、文化的に近い関係にある場合、新たな知識の形成が促進される可能性があるとしている。こうした可能性を高めるためには、参加者が互いに協力しやすい環境を整備することが重要となる（Hodge and Reader, 2007）。

ボックス2.4. 能力の向上：ビーバーヒルズ・イニシアチブの事例

ビーバーヒルズ・イニシアチブ（CAN2）は、カナダ・ビーバーヒルズ地域の環境を保全するために、科学的データ等の情報をメンバー間で共有し、一貫した計画と対策を講じようとするものである。当該取組においては、地域の土地所有者の知識が、地域の政策立案者、産業界のパ

> ートナー、NGO等と共有されている。これにより、複数のセクターや専門分野のパートナーにまたがる地域密着型の資源管理について、関係者間での理解が深まる。さらに、ビーバーヒルズ・イニシアチブでは、メンバー間で資金提供や専門知識等の共有を効果的に行うことにより、個々の地方公共団体レベルでは実現不可能な大規模な能力や資源の共有を図り、集団で資源管理プロジェクトを実施することができている。

地域の問題への対応

　共同行動は、柔軟な運用形態をとることができ、様々な知識とスキルを持つ多様なメンバーが存在することから、国では対応が困難な地域の問題にも対応することができる。地域の人達は、地域の問題について国以上に把握している。地域の人達は、他の主体と協力することにより、知識を共有し、能力や資源の相乗効果を生み出し、様々な環境面の目標を達成する上で重要となる場所を特定することができる。また共同行動は、土地所有者、自然保護団体、地方公共団体に対して、1つの共同プロジェクトとして彼らが協力する機会を提供することもできる（Hodge and Reader, 2007）。一方、国全体を対象とする規制や市場に基づく手法の場合、必ずしも地域の状況を政策に反映することができない。共同行動のこうした地域性は、公共財の供給促進のみならず、非特定汚染源負荷を始めとする負の外部性の削減にも有効である。なぜなら、共同行動では、地域の専門知識を活用することで、汚染リスクを特定することができるからである（Pollard他, 1998; Vojtech, 2010）。国のアプローチでは、拡大する汚染問題に対して解決策を提示することができないかもしれないが、地域のアプローチの場合は、各地の状況に応じた活動を展開することにより、より適切な対策を生み出すことができる。共同行動により、高い柔軟性、対応性、地域との関連性を追求することが可能となる

のである（Davies他, 2004）。

ボックス2.5. 地域の問題への対応：オーストラリアにおけるランドケアの事例

　オーストラリアにおけるランドケア（AUS1及びAUS2）は、地域のボランティアを基礎とする草の根運動であり、土地やその他の天然資源を対象に活動を行っている。同じ考えを有する地域社会のメンバーが、土壌侵食の防止や地域固有の植物の保護といった地域の環境問題に集団で対応することを目的に、ランドケアグループを形成している。オーストラリア政府は、多くのランドケアグループがやる気を有していることから、彼らを国全体の土壌侵食や環境問題に対応する際のパートナーと位置付け、その活動を奨励している。各グループは、地域、州、連邦政府の各プログラムや産業界、慈善団体、ビジネス組織等、様々な関係者に対し、活動資金の申請をしている。

2.5. 共同行動の課題

　共同行動には多くのメリットとともに、いくつかの課題も存在する。その主なものは、フリーライダー問題、取引費用、共同行動に対する懐疑的な姿勢、そして不確実な政策環境である。

フリーライダー問題

　共同行動に関する多くの研究でフリーライダー問題が指摘されている。フリーライダー問題とは、集団に対する貢献をしなくても、他のメンバーの活動によって利益を享受することができることから、一部のメンバーが共同行

動に貢献しなくなるというものである。Olsonは後世に多大な影響を与えた研究（Olson, 1965）の中で、フリーライダー問題による協力の難しさについて言及している。Olsonは「合理的かつ利己的な個人は、共通の利益、あるいは集団の利益のためには行動しないであろう」と主張している。共同で生産された財の便益を誰もが享受することができる（排除することができない）場合、人は自発的に、その財の供給に貢献する動機をほとんど持たない。個人は共同行動においてフリーライド（ただ乗り）する動機を有していることになる。Hardin（1968）は、あらゆる人が利用できる牧草地の例を用いて、共同行動の難しさを指摘している。牛飼いは自らの利益を増大させるために、できるだけ多くの牛を放牧しようとするが、それは共用の牧草地の過剰利用を招く要因となる。こうした状況は「コモンズの悲劇」として知られている。Hardinの主張によると、個人が自らの利益を追求することにより、共同行動の利潤最大化を図ることが困難となる。

公共財に関する再三の実験により、このフリーライダー問題は現に存在することが知られている（Ledyard, 1995）。したがって、共同行動による公共財の供給は困難なものになりうる。なぜなら、公共財は定義上、非排除性と非競合性を有しているため、生じる便益を実際に活動しているメンバーだけに限定することが困難だからである。多くの研究で、公共財に関する自発的な供給の難しさが指摘されている（例えばDixit and Olson, 2000; Ellingsen and Paltseva, 2012）[4]。

しかし、これまでの研究では同時に、人は公共財の供給に貢献する傾向があり、純粋な利己主義的思想に基づく仮定よりも、自発的に近隣住民と協力することが明らかになっている（OECD, 2012b）。これにはいくつかの説明が可能であるが、そのうちの1つは「社会的規範」や「ヒューリスティクス（ある特定の状況において（必ずしも最適とは限らないが）良い結果をもたらすことが多い、個人が時間の経過とともに学んだ経験則）」に関するもの

である（Ostrom, 2010）。伝統的な経済学は通常、農家は「合理的」に行動すると仮定するが、実際には彼らの行動は、社会的規範や社会的な圧力の影響を受けている。例えばVanslembrouck他（2002）は、農家が地域の農場管理スキームに参加する理由を分析したところ、参加の最大の理由として経済的要因を挙げた農家は全体の20～33%に過ぎないことを発見した。Defrancesco他（2008）は、利益や収入等の経済的要因に加え、近隣農家との関係や彼らの環境にやさしい農法についての見解が、農家が農業環境関連対策を導入するかどうかに大きな影響を与えるとしている。

　実際、いくつかの事例研究でも、強力なソーシャル・キャピタルが農家の共同行動を支援し、公共財の生産を促すことが確かめられている。例えば、スペインには灌漑用水を自主的に集団管理してきた長い歴史がある。農家が共有する強力なソーシャル・キャピタルがあったからこそ、スペインでは灌漑コミュニティによる協力が成功し、フリーライダーが防止され、共通の灌漑インフラと水資源について集団による管理が行われてきたのである（ESP1）。

　効果的な共同行動はフリーライダー問題を克服し、生産をパレート最適に近づけることができると主張している研究もある。Olson（1965）自身も、集団行動の便益を実際に活動しているメンバーに限定することにより、フリーライダー問題を防ぐことができる可能性を指摘している。フリーライダー問題の解決には、所有権（Ostrom, 2004）やメンバー間でのモニタリングシステム（Davies 他, 2004）が有効である。例えば「北オタゴ灌漑会社」（NZL3）では、北オタゴ灌漑会社の農業用水等を利用する農家に対して、水質改善に関する環境契約の順守を求め、その状況をモニタリングすることにより、フリーライダーを防止している。北オタゴ灌漑会社は実際に、要件を満たさない農家に対して農業用水の供給を停止している。このように、モニタリングと制裁は、農家を共同行動へ関与させ、フリーライダーを減らすのに効果的

であると言える。

取引費用

共同行動では特に立ち上げ段階において、単独行動では生じない追加的な取引費用が発生し（Ostrom, 1990; Davies他, 2004）、共同行動の開始を妨げる要因になりうる。Dixit and Olson（2000）は、少額の取引費用であっても、公共財の自発的な供給を妨げる可能性があることを指摘している。

Davies他（2004）は、Singleton and Taylor（1992）の研究に基づいて、共同行動に関連する取引費用を調査費用、交渉費用、モニタリング及び実施費用の3つに分類している（**表2.4.**）。様々な事例研究や文献において、取引費用が共同行動の主要な課題であることが指摘されている。例えばHarris-Adams他（2012）は、オーストラリアにおける資金提供プログラムに農家が参加しない主な理由の1つが、複雑で時間のかかる政府プログラムの申請手続であるとしている。これは、政府が共同行動を促進するプログラムを提供している場合であっても、調査費用（情報収集と資金調達源を特定するための費用）が共同行動にとって大きな阻害要因となる可能性があることを示唆している。またSwinnerton（2010）は、「ビーバーヒルズ・イニシアチブ」（CAN2）の場合、メンバーの様々な競合する優先順位に合わせて、関係者の活動を調整しなければならず、こうした調整（交渉費用）が、成果を出すのに時間がかかっている主な理由であるとしている。モニタリング及び実施費用も共同行動を続ける上で大きな課題となる。仮にメンバー間で合意が成立して共同行動が開始された後であっても、これらの費用をカバーするための資金調達をいかにして行うかは、集団にとって大きな課題である。

一方、共同行動が有する「規模の経済」や「範囲の経済」により、契約締結、モニタリング、支払い等に関する取引費用を軽減することができる可能性を指摘している研究もある（Hodge and McNally, 2000; Shobayashi他,

表 2.4. 共同行動における取引費用

取引費用	説明	例
調査費用	相互利益の可能性があるかどうかを確かめるために発生する費用	・関連する参加者を特定する費用 ・情報収集費用 ・共同行動の資金調達源を特定する費用
交渉費用	契約締結に向けた交渉に係る費用	・ミーティングに要した時間 ・口頭及び書面によるコミュニケーションに費やされた労力 ・外部組織からの支援を得る費用
モニタリング及び実施費用	すべての関係者が契約を順守しているかどうかを確認するために必要な費用	・他者のモニタリングに費やされる時間と労力 ・外部監視員の雇用に係る費用 ・制裁を実施する費用

出典：Davies 他（2004）及び Singleton and Taylor（1992）から作成。

2011等）。例えば、共同行動では行政機関が交渉しなければならない関係者の数を減らすことができるため、関連する取引費用を抑制することができる場合がある（OECD, 1998）。「北オタゴ灌漑会社」（NZL3）の事例では、環境にやさしい農法を導入するため、地方公共団体が北オタゴ灌漑会社と密接に連携しながら活動を展開している。この場合、北オタゴ灌漑会社が仲介者として活動し、政府の持続可能な農業政策の取組を支援している。このように仲介者が介入することによって、共同行動はモニタリング及び実施に関する取引費用を引き下げることができる。

それにもかかわらず、追加的な取引費用の発生は不可避である。共同行動を実施するためには、共同行動により発生する利益が、それに伴う費用をカバーする必要がある[5]。したがって、共同行動が成功するためには、こうした費用を削減する方法を明らかにすることが重要となる。

取引費用は、政府機関、地域、国の間で経験を共有するとともに、既存の管理ネットワークの活用、政府と民間情報の統合、組織の数の削減、IT技術の活用等により、削減することができる（OECD, 2007）。Davies他（2004）は、社会的ネットワーク、信頼、メンバー同士が相互に依存している環境が

存在すれば、取引費用を抑制できると指摘している。「アオレレ集水域プロジェクト」（NZL1）では、小規模なアオレレグループ（農家33名）が有する強力なソーシャル・キャピタルが契約交渉を容易にし、交渉費用やその他の取引費用を削減するのに役に立ったと考えられる。Hodge and McNally (2000) もまた、農業用水の管理組織などの外部組織が情報提供者としての役割を果たすとともに、メンバー間の調整を行う話し合いの場を提供することで、取引費用を削減することができることを明らかにした。サスカチュワン州における「農業環境グループ・プラン」（CAN1）の事例では、地域のNGOやNPOの支援により、調査費用（情報収集、資金調達源の特定等）の削減が行われた。地域のNGOやNPOは資金プログラムやその他の関連情報を農家に提供し、共同行動を支援している。「ゾーネマッド牧畜協会」（SWE1）の事例では、数多くの土地所有者が存在する湿地帯において集団的放牧を行うため、各土地所有者と1つの組織（ゾーネマッド牧畜協会）との間で土地利用契約を締結することとした。これにより、牛の所有者と多くの土地所有者との間で個別に契約を締結する場合と比較して、取引費用を減らすことに成功した。

　組織的なアプローチも取引費用の抑制に有効となる場合がある（OECD, 2007）。例えば、「びわこ流域田園水循環推進事業」（JPN2）では、複数の土地改良区に補助金を交付し、水田からの排水の再生利用を促進している。この共同行動を進めるのに当たっての主な懸念事項は、各土地改良区が組合員農家から同意を得る際の取引費用をいかにして削減するかという点であった。この組合員の同意を得るため、全組合員又はその代理人が出席する年次総会の場が利用された。つまり、この例では、通常の組織の意思決定プロセスを利用したアプローチを取ることによって、組合員から同意を得るための取引費用を削減したのである。

共同行動に対する懐疑的な姿勢

共同行動に対する姿勢は各個人により異なる。例えばAldrich and Stern（1983）は、個人主義的な態度が共同行動の阻害要因となると指摘している。オーストラリアの農家の農法の見直しに関する最近の研究は、農家の中には個人行動を好む者も存在することから、集団ベースでの普及促進活動が必ずしも全員にとって適切なアプローチではないことを指摘している（Ecker他,2012）。政策設計の段階で、政府は農業と環境の実態を十分踏まえ、誰（個別の農家か農家の集団か）を対象とすべきかを慎重に決定する必要がある。集団ベースのアプローチが常に最適であるとは限らない。

その他にも、農家の慣性や認識、自らの（悪いと思っていない）行為が自然環境に実は悪影響を及ぼしているという事実を素直に受け入れることができるかどうかといった各自の態度と姿勢が共同行動に影響する。例えば、慣性とは、変化そのものに抵抗する人間の性質である。「現状維持バイアス」がある場合、現在の状況を変えるためには、大きな労力が必要となる。農家が個人での農作業に慣れ親しんでいる場合には、他者と協力するように説得するのは容易ではないかもしれない[6]。現に、農家は深刻な公害問題に直面するまで集団行動に従事しないとする説もある（Lubell他, 2002）。共同行動を促進するためには、こうした共同行動の必要性に対する認識を高め、共同行動の効果を確実に立証する科学的な証拠を農家に提示することが重要となる。

不確実な政策環境

不確実な政策環境も農家の取組に悪影響を与える。Harris-Adams他（2012）は、資金調達源や政策プログラムの目的の変更が、農用地その他の私有地における自然植生を管理する上での大きな障害になりうることを明らかにして

いる。不確実な政策環境は、農家に対して、支援や政策に関する将来の方向性に不安を生じさせることとなる（Davies他, 2004）。自然植生の保全等の農業環境公共財の供給は通常、長期間にわたる取組となるため、政策に連続性がなければ長期的な便益の供給に悪影響を及ぼしかねない。共同行動がそうした便益の供給を目的とする場合は、安定した政策環境が必要となる。

しかし政策が安定的であるということは、政策の不変性や硬直性を意味するわけではない。政策が引き続き農家のニーズに合った適切なものであるためには、現在の政策もさらなるイノベーションと進化が必要となる。例えば、オーストラリアの農家は自国のランドケアプログラムを強く支持しているが、最近の研究では、政府が農家の期待に応え続けるためには、継続的な努力が必要であることが指摘されている（de Hayr, 2012）。したがって、無用の混乱を避けつつ、いかにして、公共財の供給のための共同行動に関する政策を改善していくかが課題である。

2.6. 共同行動の主な成功要因

共同行動は、様々な参加者が関係する複雑な活動である。これは、その成功には多くの要素が影響を及ぼしうることを意味している。これまでにも多くの研究者が、最も重要な成功要因が何であるかを特定しようとしてきた。例えばOstrom（1990）は、共同行動により共有資源の問題を解決するのに必要な条件として次の6つを挙げている。

- 共通認識：ほとんどの資源の利用者が、当該資源の利用に関して現在の規則に代わる規則を採用しなければ、状況が悪化するとの共通の見解を有している。
- 類似性：ほとんどの資源の利用者が、提案された規則の変更により同様の影響を受ける。

- 低い割引率：ほとんどの資源の利用者が、共有資源の将来にわたる活動の継続性を高く評価している。すなわち低い割引率を有している。
- 低い取引費用：資源の利用者が負担する情報費用、変更費用、実施費用が比較的低コストである。
- ソーシャル・キャピタル：ほとんどの資源の利用者が、ソーシャル・キャピタルの基となりうる互酬性と信頼に関する一般規範を共有している。
- 小規模な集団：共有資源を利用している集団は比較的小さく、安定的である。

　共同行動の成功に必要な要因をさらに一般化する試みが、いくつかの研究によって行われている。Agrawal（2001）は、共有資源の管理及び運営を行う地域社会の取組に関する3つの重要な研究成果（Wade, 1988; Ostrom, 1990; Baland and Platteau, 1996）を再度検証し、共同行動の主な成功要因を整理している。またDavies他（2004）も、12の先行研究を検証し、主な成功要因をまとめている。しかし、こうした一般化には限界がある。第一に、変数の数が多すぎ、かつ複雑であることである。例えば、Agrawal（2001）とDavies（2004）の研究で特定されている要因の数は35を超える。これらの多くの変数の複雑な関係のため、共同行動に関する研究は極めて難しいものになっている（Ostrom, 2010）。第二に、Agrawal（2001）が指摘している通り、こうした変数は、共同行動の一般的な理論ではなく特定の事例における重要性を指摘しているものにすぎず、利用可能なデータも存在しないため、これらの要因を体系的に評価することが困難なものとなっている。したがってAgrawal（2001）では、持続可能な資源管理に関する共同行動の成功要因について、一般的な理論化をするに至っていない。このような限界はあるものの、こうした要因についての理解を深め、事例研究に共通する要因の存在についてさらに検討を行うことは、公共財を供給し、負の外部性を削減するた

表 2.5. 共同行動の主な成功要因

1) 対象資源に関する特徴	2) 集団の特徴
・環境資源に関する知識 ・環境資源の地理的境界に基づく適切な対象範囲の設定 ・共同行動と対象資源からの目に見える成果と明確な便益	・ソーシャル・キャピタル ・小規模な集団又は機能的な組織を有する大規模な集団 ・異なる能力と同じアイデンティティや利害関係の存在 ・リーダーシップ ・コミュニケーション ・目的の共有と問題の理解
3) 組織の管理制度	4) 外部環境
・地域考案型の運営規則 ・組織の健全なガバナンス ・モニタリングと制裁	・資金援助 ・技術支援 ・仲介者及びコーディネーター ・地方公共団体と国の協力体制

出典：Agrawal（2001）、Davies 他（2004）及び OECD の事例研究に基づき OECD 事務局が作成。

めの、よりよい方法を見つけだす上で有益であると考えられる。

　Agrawal（2001）は、これまでの研究において特定された変数を、1）管理対象となる資源に関する特徴、2）そうした資源に依存している集団の特徴、3）組織の管理制度に関する特徴、4）集団と外部要因や行政との関係に関する特徴の4つに分類している。Mills他（2010）は、ウェールズにおける要因を分析する際に、このAgrawal（2001）の類型を使用している。この枠組みは、変数を分類し、それらがどう関連しているのかを理解する上で有効である。**表2.5.**は、文献研究と事例研究に基づいて特定した主な変数をまとめたものである。

1) 対象資源に関する特徴

　対象となる環境資源（生物多様性、水質汚染等）は、共同行動と深く関係している。関連する特徴としては、環境資源に関する知識、対象資源の地理

的境界と対象範囲、そして共同行動が対象資源に関する成果と参加者に対する明確な便益をもたらすか否か、が挙げられる。

環境資源に関する知識

　地域の団体が資源を持続可能な方法で共同利用するためには、地域の知見や科学的な専門知識といった環境資源に関する詳細な知識が、必要となる（Agrawal, 2001; Pretty, 2003）。例えば個人的な便益が十分ある場合であっても、技術的な情報が不足しているため、共同行動を立ち上げることができない場合もある（Wade, 1988; Hodge and McNally, 2000）。

　一般に、生態系の作用に関する知識は、有効な資源管理に不可欠である。また、農家はある程度詳しい実用的な知識を有している（Ostrom, 1999a）。特に資源が自分の地域社会に関するものである場合、農家は、自らの行動が資源に与える影響を経験則的に学んでいる。しかし、生態系が変化しているような場合（例えば、気候変動など環境への新しいストレスにさらされている場合）は、必ずしも適切な知識を有していない可能性がある。

　さらに大規模な資源の場合、地域社会は、自らの行為が資源に対してどのような影響を及ぼすのかについての知識を有していないことがある。特に、そうした資源が地域社会の外部に存在したり、自らのコミュニティをはるかに越えて広がっているような場合は、そのような例が多い。地域の団体が、関連する対象資源についての科学的知見を入手するのが困難な場合も考えられる。また、地域から流出した栄養分が、数百キロメートル離れた環境にどのような影響を及ぼすのかについての知見を有していない場合もある。このような場合は、外部からの支援が必要であると考えられる（Ostrom, 1999a; Pretty, 2003）。地方公共団体、大学、その他の地域の団体は外部組織としての役割を担い、農家の間のコミュニケーションを促したり、必要な情報を提供したりすることができる（Ostrom, 1999a; Hodge and McNally, 2000）。多

くの場合、環境資源について必要なすべての情報を持っている人は存在しないことから、農家、規制当局、農業技術指導者、その他の専門家は、直面する問題に対処するため、複数の専門分野にまたがるチームを構成する必要がある (Pollard他, 1998)。

　実際、多くの事例研究において、様々な参加者が、このような不可欠な知識と専門技術について多くの貢献をし、その共有を図っている。外部の科学者は、環境問題の原因を特定する際に重要な役割を果たすことができる。例えば、「ミネラルウォーター製造業者と農家による水質保全」(FRA1)、「ピュハ湖復元プロジェクト」(FIN1)、「アオレレ集水域プロジェクト」(NZL1) の3つの事例では、科学者が科学的研究を行い、農家が科学的な根拠に基づいて環境問題に対処する上で必要な支援を行っている。政府もまた必要な知識を提供することができる。「東海岸林業プロジェクト」(NZL2) の場合は、地方公共団体と国が土壌侵食に関する専門知識を提供し、土地所有者が土壌侵食に対する適切な対策を講じるために必要な支援を行っている。場合によっては、共同行動は、情報と知識を交換する話し合いの場を提供し、メンバーの有している能力や資源の相乗効果を生み出す場にもなる。「ビーバーヒルズ・イニシアチブ」(CAN2) は、地方公共団体、州、連邦政府、NGO、産業界のパートナー、大学等の様々な参加者が、共通の目標を達成するのに必要となる情報と科学的知識を共有する話し合いの場を提供している。

環境資源の地理的境界に基づく適切な対象範囲の設定

　共同行動は、行政上の境界ではなく、野生生物の生息地、河川の流域、帯水層等、対象となる環境資源の適切な地理的境界に基づくものでなければならない。農業環境問題を評価しそれを解決することは、そうした境界内における農家とその他の参加者にとっての共通の利益となる。環境資源が1つの地方公共団体を越えて広がっている場合は、関係するすべての地方公共団体

が協力することが必要となる。「ビーバーヒルズ・イニシアチブ」は、5つの郡にまたがる広大なビーバーヒルズ地域の保全を図るため、5つの郡と州政府及び連邦政府が協力して資源保護のためのアプローチを調整している（CAN2）。またいくつかの研究（例えば、Wade, 1988; Ostrom, 1990）は、対象となる環境資源の境界を「定義」することの重要性を強調している。このアプローチは、地域社会にとって、共通の問題を特定し、認識の共有、集団行動の促進を図ることにもつながる。

　事例研究によると、共同行動は一般に、深刻な資源問題（深刻な土壌侵食（NZL2）、非特定汚染源負荷による水質低下（GBR1等））や共有資源の管理（集水域（NZL1等）、湖（FIN1等））などの個々の農地を越える広範な農業環境問題に対処するためのものであって、個別の農業問題（例えば、個々の農地のリスクアセスメント）に対処するためのものではないことがわかる（**図2.3.**）。同じ地理的境界内における共通の問題を取り扱うことは、農家に対して、共同行動の重要性を認識させることにも繋がる。それでも、ほとんどの共同行動は効果が出るまでに一定の期間を要し、また目標の達成には多くの資源が必要となることから、参加者が目的を共有するのには困難が伴う。この場合、既に議論したように、環境資源に関する知識を用いて、農家に対して科学的根拠を提示することにより、目的の共有化を促すことができる。

共同行動と対象資源からの目に見える成果と明確な便益

　農家が共同行動に参加するかどうかを決める際の重要な要素の1つは、私的な便益である（例えば、Ayer, 1997; Hodge and McNally, 2000; Lubell他, 2002; McCarthy, 2004）。潜在的な便益が、他の同様の事例で既に実証されており、かつ、そのような便益が新しい組織の設置と維持に関する取引費用を上回る場合に、共同行動が立ち上がることが多い。しかし、農業環境の目的達成（生物多様性の保全や水質改善等）には時間を要する場合が多く、明

確な便益を参加者にもたらすことが困難な場合がある。共同行動の継続には、その行動を通して供給しようとする農業環境公共財に関して目に見える成果と明確な便益を生み出すことが重要となる（Pollard他, 1998; Lubell他, 2002）。そのような成果が出ない場合、取組が継続されなくなってしまいかねない。

　多くの事例研究でも、共同行動からの目に見える成果と便益の重要性が指摘されている。例えば「アオレレ集水域プロジェクト」（NZL1）は、水質の劇的な改善に成功している。2002年にアオレレ川河口付近の養殖場で、ムール貝を収穫することができたのは、漁獲可能日のわずか28%であったのが、3年間のプロジェクト実施後、2009年にはその割合が79%まで高まった。こうした成果は農家に自信を与え、水質改善のための取組に対する意欲を高めることとなった。スペインの「ベンベサル・マルヘン・デレーチャにおける灌漑コミュニティ」（ESP1）の場合は、新しい灌漑技術の導入により高収益作物の生産（点滴灌漑による柑橘類の生産）が可能となることから、農家たちは農業水利施設の近代化に同意した。共同行動により大きな便益がもたらされたため、共同行動に十分な数の農家を取り込むことができたのである。

　目に見える成果を生み出し、明確な便益をもたらすことは、農家以外の参加者にとっても重要である。例えば便益が費用を上回る場合、民間企業が農家の集団に対して、水質改善に要する費用を支払う場合がある（BEL1、FRA1、GBR1等）。政府もまた、農家のためだけではなく、より広範なコミュニティのために生物多様性等の農業環境問題に取り組んでいる。目に見える成果を生み出すことは、政府が税収をこうした政策に投入し続けるためにも重要となる。

2）集団の特徴

　集団の特徴も、共同行動に影響を与えることとなる。文献研究と事例研究の結果、ソーシャル・キャピタル、集団の規模、メンバーが有する異なる能力や資源と同じアイデンティティや利害関係の存在、リーダーシップ、メンバー間のコミュニケーション、そして目的の共有と問題の理解が、重要な役割を果たすことが明らかになった。

ソーシャル・キャピタル

　多くの研究において、ソーシャル・キャピタル（Social capital、社会関係資本）の重要性が指摘されている（例えば、Pennington and Rydin, 2000; Rudd, 2000; Ahn and Ostrom, 2002; Pretty, 2003; Davies他, 2004）。ソーシャル・キャピタルの正式な定義は存在しないが、個別の、あるいは集団の目標達成の役に立つ、関係者間で共有されている社会的属性や社会関係の側面と考えられている。ソーシャル・キャピタルとは通常、社会的なネットワーク、規範、信頼、互酬性、義務と期待、価値と態度、文化、情報と知識、公式の集団、組織と規則、制裁等で構成される（Davies他, 2004）。ソーシャル・キャピタルは、共同行動に関する取引費用を抑制し、集団内の利益の調整を容易にし、そして、お互いの行動を予測することを可能にする（Pretty, 2003; Davies他, 2004）。

　複数の事例研究でも、ソーシャル・キャピタルの重要性が指摘されている。例えば、ゾーネマッド周辺の農村地帯は、ソーシャル・キャピタルが多く存在していることが特徴となっている。地元の人々は「お互いに助け合うのが行動の基本」と考えており、何か良いことを生み出すためにはそれが起こるのを待つのではなく、自ら行動しなければならないと考えている。こうしたソーシャル・キャピタルの存在は、調査費用、交渉費用、モニタリング及び

実施費用の削減を通して、ゾーネマッド牧畜協会による湿地帯の保全に大きく貢献している（SWE1）。

　ソーシャル・キャピタルの概念は農家の行動と強く結び付いている。Ostrom（1998）は、評判、信頼、互酬性が個人の行動に影響を及ぼすと主張している。農家がどのように意思決定を行い、ソーシャル・キャピタルがどのように共同行動を促進するのかについて理解することは、共同行動を推進する上で極めて重要である。

小規模な集団又は機能的な組織を有する大規模な集団

　共同行動にとって適切な集団の規模がどの程度であるのかについて、多くの検証が行われている。多くの文献が、小規模な集団の方がフリーライダーの問題を防止し易く、メンバーがお互いを知ることが容易であることから、共同行動にとってより適切であるとしている（例えば、Olson, 1965; Wade, 1988; Ayer, 1997）。しかし、運営規則や意思決定手続、運営方法が十分に確立していて、集団が有するダイナミクスを通じて集団の能力が向上するような場合は、大規模な集団であっても機能する可能性がある。

　Olson（1965）は、小規模な集団はフリーライダーの問題を防止することができ、より効率的に機能すると主張している。彼の説は共同行動の費用と便益に基づいている。小規模な集団では共同行動の組織化に伴い生じる費用は比較的小さく[7]、参加者1人当たりの便益も大きくなる可能性があるのに対し、大規模な集団では取引費用が高くなり、1人当たりの便益は小さくなる傾向がある（Olson, 1965）。集団が大きくなるにつれてメンバー1名あたりの初期費用は下がるものの、交渉、モニタリング及び実施に関する費用が増加する（McCarthy, 2004）。

　集団のメンバー数が少ない場合、個人はお互いの特徴を知っており、それによってメンバー間の効果的な協力を図ることが容易になる。Baland and

Platteau (1996) は、開発途上国の農村での共有資源の管理方法について調査し、協力のためには集団の規模が小さいことが重要であることを発見した。集団の規模が小さい場合、個人はお互いをよく知っており、お互いの行動をより身近に観察することができる。その結果、人は自らの選択に関係する直接の費用と便益だけでなく、より間接的かつ長期的な結果にも配慮するようになる。例えば、「アオレレ集水域プロジェクト」（NZL1）は小規模な集団による活動であり、メンバー間の共通理解を密接なコミュニケーションを通じて容易に図ることができる。またそれにより、集団での資源管理がうまく行われている。

Dunbar (1992) は、人には安定した社会関係を維持する上での認知上の限界があることから、人の数が「一定レベル」を超えると、より多くの規則と規範が集団の安定性を維持するために必要になることを指摘している。この「一定レベル」は明確には特定されていないが、共同行動に関する研究の中にはこの「一定レベル」の具体的な数値を挙げているものもある。Pretty (2003) によれば、1990年代初頭から2000年代初頭までに、農業と農村の資源管理のために世界中で約40万〜50万の新しい地域団体が設立された。そうした団体の多くは小規模な集団であり、通常は20〜30名の活動的なメンバーが存在しているという。Mills他（2010）は、組織のコミュニケーションと発展を促進するためには、初期メンバーは最大で約10名程度でなければならないと主張している。

しかし、大規模な集団でも明確、公正かつ意味のある規則が存在し、効果的な管理体制が確立している場合は、公共財を供給することが可能である。大規模な集団がうまく機能すれば、より広範な地域をカバーし、より大きな環境便益をもたらすことができる。また、大規模な集団は「規模の経済」を有していることから、費用を削減することもできる。例えば、スペインのコミュニティによる農業用水管理は、大規模な共同行動の例である。灌漑プロ

ジェクトは一般に、モニタリングと管理に高い固定費用がかかり、規模に関し収穫逓増の関係を有している。したがって、灌漑には大規模な集団的管理が必要となる（ESP1）。スペインにおける動物保健協会も、動物に関する健康プログラムの実施が、規模に関して収穫逓増であることから、大規模な取組となっている。動物保健協会が大規模になるほど、関連保健サービスをより安価に提供することができる。したがって、スペインでは各地域に協会は1つだけとなっており、各自治体の協会はより大規模な郡の協会に組み込まれている（ESP2）。

　Ayer（1997）は、農業関連の公共財が供給される場合として、次の3つのケースを挙げている。第1に、公共財の供給から受けるある人の便益がその供給費用を上回っている場合に、その人がすべての人に対して公共財を供給する場合。第2に、公共財の供給から最も多くの便益を受ける人々に対して供給費用の大半の負担を求める規則を定めることが可能である場合。第3に、政府機関が大規模な集団をより同質なサブグループに分割することにより、グループ内の協力を促進することができる場合である。この最後の点については、他にも多くの研究が同様の指摘をしている（例えばOstrom, 1990; Marshall, 2008; Hearnshaw他, 2012）。Ostrom（1990）は、大規模な集団をより小規模な集団へと分割することの重要性を指摘している。Baland and Platteau（1996）は、メンバーが同じ規範を共有している場合や共通の課題に直面している場合は、大規模な集団であっても、うまく機能する場合があると主張している。

　表2.6.は、事例研究で明らかになった集団の規模に関する情報をまとめたものである。集団の規模は参加者の数を基に3つのクラス（小（50名未満）、中（50～100名）、大（100名超））に分類してある。集団の規模と組織の管理制度との関係を検証するため、各事例は上述の**図2.1.**で示した3つのタイプの集団構造に基づいて分類してある。

表 2.6. 事例研究における集団の規模

集団構成のタイプ	小（＜50 メンバー）(8 事例)		集団構成のタイプ	中（50～100 メンバー）(5 事例)		集団構成のタイプ	大（＞100 メンバー）(12 事例)	
1	SWE1	ゾーネマッド牧畜協会	1	AUS1	マルグレーブ・ランドケア・キャチメント	1	AUS2	ホルブルック・ランドケア・ネットワーク
2	FRA1	ミネラルウォーター製造業者と農家による水質保全	1	DEU2	ニーダーザクセン州における飲料水の保全協力	1	CAN2	ビーバーヒルズ・イニシアチブ
2/3	BEL1	ドンメル渓谷における緩衝帯の戦略的設置	1	ITA2	カンパニア州のコミュニティガーデン	1	DEU1	ランドケア協会
2/3	DEU3	アイダー渓谷の湿地帯復元	2	BEL2	水道事業体と農家による水質管理	1	ESP1	灌漑コミュニティ
2/3	ITA1	トスカーナ州における保全管理	3	JPN3	農地・水保全管理支払交付金	1	ESP2	動物保健協会
2/3	JPN1	魚のゆりかご水田プロジェクト（滋賀県）				1	FIN1	ピュハ湖復元プロジェクト
3	ITA3	アオスタ渓谷における山間牧草地の管理				1	JPN2	びわこ流域田園水循環推進事業
3	NZL1	持続可能な農業基金（アオレレ集水域プロジェクト）				1	NLD1	水・土地・堤防協会
						1	NZL3	北オタゴ灌漑会社
						2	GBR1	英国南西部における「上流地域考察プロジェクト」
						2	NZL2	東海岸林業プロジェクト
						2/3	CAN1	サスカチュワン州における農業環境グループ・プラン
	大半はタイプ2又はタイプ3			様々なタイプが存在するが、タイプ1が支配的			多くはタイプ1であり、大規模な集団ほど強力な組織管理制度が必要であることを示唆	

注：タイプ1は、農家その他の参加者が組織を立ち上げ、メンバーとして集団的に行動する組織的なスタイルの共同行動。タイプ2は、共通の目標達成に向けて、外部の機関（NGO、政府等）が（通常、同じ地区内の）農家を組織化して行う外部主導の共同行動。タイプ3は、農家が他の農家（及び非農家）と協力するが、独立した組織を立ち上げない非組織的なタイプの共同行動。場合により、これらのタイプが組み合わされている。

表2.6.は、集団の規模が大きくなる場合は、農家その他の参加者が独立した組織を形成する傾向があることを示している。組織が設立されると、明確、公正かつ意味のある規則といった機能的な仕組みを確立することが可能となる。したがって、多くのメンバーがいても、各メンバーが規則に従うことでお互いに協力できるようになる。彼らはサブグループや小委員会を形成し、具体的な問題の解決に向けた対応をとることができる。このため、大規模な集団の運営には、機能的な組織構造が不可欠である。

異なる能力と同じアイデンティティや利害関係の存在

　小規模な集団は同質化する傾向がある一方、大規模な集団は異質化する傾向があることから、異質性の議論は集団の規模に関する議論と密接な関係がある。一般に、アイデンティティと利害関係が同じ集団は、共同行動をより簡単に展開することができる。そうした集団は、類似する社会的、経済的、文化的背景を共有しているため、コミュニケーションを通して合意を形成することが比較的容易である(Dowling and Chin-Fang, 2007)。Lubell他(2002)は、米国における数百の流域パートナーシップの分析を行い、同質な人的、社会的、経済的資本を有するパートナーシップは、急速に発展することを明らかにしている。一方、大規模な集団では、共同行動の展開を妨げかねない、個別のニーズや利益、経済力に関して大きな差異が見られることが少なくない（Ayer, 1997）。

　しかし、異質性が必ずしも共同行動に負の影響を及ぼす訳ではない。いくつかの研究（例えば、Olson, 1965）は、各自が有する異なる能力や資源が互いに補完的で、参加者が互いに協力的である場合、このような異質性が共同行動に正の影響をもたらす可能性を指摘している。

　今回研究した事例の多くは、共同行動において、各自が異なる能力を有する一方でアイデンティティと利害関係が同じであることが重要であることを

示唆している。多くの場合、共同行動の中心メンバーは、アイデンティティや利害関係について同じ傾向を有している。一方、外部の機関は、異なる視点と専門知識をもたらし、集団の能力を高めることができる。例えば「マルグレーブ・ランドケア・キャッチメント」（AUS1）では、農家は長い間同じ地域で耕作してきたことから（同質性）、この同質性が農家の集団による活動を容易にしていると思われる。一方で、外部の研究者やグレートバリアリーフ関係機関から支援（異質性）が行われることにより、集団に多様性が生まれ、集団活動が促進される結果となった。サスカチュワン州における「農業環境グループ・プラン」（CAN1）では、農家は同じ地域（河川の流域）に居住しており、類似した農作業に従事し、水質保全という共通の目的を有している。そこに外部のNGOやNPOが支援を行うことにより、関係者が有する能力に関して相乗効果が生まれ、農業環境グループ・プランに基づく水質改善のための取組を効果的に行うことができている。

　最後に、アイデンティティと利害関係が異なる場合に、共同行動は、グループのメンバーに対して、異なる視点から問題を議論する「話し合いの場」を提供することもできる。このタイプの共同行動は、立ち上げるのが比較的困難で、成果を出すのにも時間がかかる。しかし、参加者がそれぞれ異なる考えを有しているということを理解し、そして、他の方法ではできないような参加者間の相互理解を促進することができる場合もある。今回研究した事例では、「ビーバーヒルズ・イニシアチブ」（CAN2）と「ピュハ湖復元プロジェクト」（FIN1）が、この種の場を提供している。両者とも、農家、NGO、科学者、産業界、政府などの様々なパートナーが共同行動に参加しており、それぞれ異なる視点から自らの経験と情報を共有することで、共通の目的を達成するための土台作りに努めている。

リーダーシップ

　集団活動において、リーダーシップは目的達成のために最も重要な要素の1つである。Baland and Platteau（1996）は、外部環境の変化と地域の慣習の両方を理解している若いリーダーが、共同行動の成功に必要であると主張している。またPollard他（1998）は、共同行動には、プロジェクトの幹部や地域のリーダーの推進力、積極的な関与、影響力、能力が重要であるとしている。

　地域の農家は、強力なリーダーシップを取ることができる。例えば「アオレレ集水域プロジェクト」（NZL1）は、農家主導による共同行動の成功事例である。この事例では、農家自身が問題への対処方法と地域の状況に適した解決策を見つけ出し、取組を行っている。オーストラリアにおけるランドケアプログラムの成功（AUS1及びAUS2）もまた、地域社会のために精力的に働く個人に依存しており、彼らが、ビジョンの明確化、活動への参加促進、ランドケアへの支援に必要な政治的連携の構築に努めている。

　一方、プログラム・コーディネーターが強力なリーダーシップをとる場合もある。サスカチュワン州における「農業環境グループ・プラン」（CAN1）では、豊富な経験と専門知識を有し、高い評価を得ているプログラム・コーディネーターが、重要な役割を担い、熱心に、そして活動的に関与している。そして、生産者がコーディネーターを信頼してその助言に従うかどうかは、コーディネーターの評価が高いかどうかにかかっている。評価が高い場合には、プログラムへの参加者数は増加し、協力体制も強固なものになるだけでなく、より大きな便益をもたらすことができる。

　組織も主導的な役割を果たす場合がある。例えば、北オタゴ地域の水質と環境の維持向上を図る事例では、「北オタゴ灌漑会社」（NZL3）が重要な役割を果たしている。同社は、環境に関する一連の条件を設定し、農家に対し同条件に従うことを求めている。同社は農家の順守状況をモニタリングし、

フリーライダーを防止するために制裁を課すこともある。共同行動を実現させるためには、このような強力なリーダーシップが必要な場合もある。

コミュニケーション

　コミュニケーションなしに信頼関係を築くことは難しいことから、コミュニケーションは共同行動の不可欠な要素の1つである（Ostrom, 1999b）。コミュニケーションは、地域社会の啓発、教育を通じて、地域の要望を明確にするのを助けるだけでなく（Rudd, 2000）、そのようなプロセスを経ることによって、各自が、地域に利益をもたらすこととなるあらゆる選択肢について、吟味する機会も提供している（Ayer, 1997）。

　信頼関係の構築には、顔の見えないインターネットや電話によるやり取りではなく、対面によるコミュニケーションが特に重要となる（Hodge and McNally, 2000）。公的機関もまた、必要な情報を関係者に提供することで、コミュニケーションを促進することができる（Ayer, 1997）。さらに、参加者同士に長い不信の歴史があるため、良好な関係を構築することが難しいような場合は、外部の機関が仲介役となることでコミュニケーションを促すことができる場合がある。例えば、「ドンメル渓谷における緩衝帯の戦略的設置」の事例（BEL1）では、農業業界と環境業界の利害関係が対立する歴史的な経緯があったため、「ドンメル渓谷ウォータリング」が中立的な立場に立って、両者を結びつけている。

　このようなコミュニケーションは共同行動の参加者のみならず、外部のためにもなる。ドイツにおける「ランドケア協会」（DEU1）では、外部者を対象としたイベントや環境教育が活動の不可欠な一部となっており、土地所有者その他の関係者に対して、農村景観と自然保護の重要性を訴える上で重要な役割を果たしている。他にもいくつかの共同行動（「マルグレーブ・ランドケア・キャッチメント」（AUS1）、「水・土地・堤防協会」（NLD1）、「魚

のゆりかご水田プロジェクト」（JPN1）等）で、地域の子供たちのための学校プログラムが実施されており、環境と農業について学ぶ機会を提供している。加えて、様々な楽しい社会活動も、農家とその他の参加者のコミュニケーションを円滑にし、彼らに対して共同行動を行うきっかけを提供している場合もある（「ビーバーヒルズ・イニシアチブ」（CAN2）、「トスカーナ州における保全管理」（ITA1）、「アオレレ集水域プロジェクト」（NZL1）等）。

目的の共有と問題の理解

共同行動は多くの個人と組織が関与し、また通常、個々の農地の規模を越える広範な地域を対象としている。このような共同行動を成功させるためには、誰もが共同行動をとる必要性について十分理解していなければならない（Pollard他, 1998; Ostrom, 1999a; Mills他, 2010）。これまで議論してきた「集団の特徴」の多く（ソーシャル・キャピタル、小規模な集団、アイデンティティと利害関係の同質性、リーダーシップ、コミュニケーション）は、参加者が目的を共有し問題を理解することを容易にするものである。明確なビジョンを持つことの重要性は、事例研究（「ランドケアプログラム」（AUS1及びAUS2）、「ゾーネマッド牧畜協会」（SWE1）等）でも明らかにされている。

一般的に、小規模な集団の方が容易にビジョンを共有することができる。一方、大規模な共同行動では、参加者の多様な意見の結果、長期的なビジョンを共有することが困難な場合がある。しかし、異なるメンバーをまとめあげるためには、このビジョンを共有することが特に重要となる。例えば、科学的な証拠に基づく知識があれば、大規模な集団であっても目標を共有しやすくなる。実際「ビーバーヒルズ・イニシアチブ」（CAN2）では、科学的知見に基づくデータと証拠の裏付けがあったため、メンバーは明確で、かつ、一貫した目標が定められている土地利用の長期計画に容易に参画することができた（Swinnerton, 2010）。また、このイニシアチブでは、政府の適切な

政策立案を支援するため、正確なデータを効果的に提供することができる「空間データ情報管理システム」に関する作業部会を立ち上げている。この作業部会には、幾何学その他の関連分野の専門家が参加し、地域横断的な地図作りとモデル化について、様々な経験を共有している。科学的なデータに基づくこの共有資源に関する地図作りは、多様なメンバー間の目標調整を促し、そして彼らが作りあげた長期ビジョンは運営計画に明記され、理事会で決定されている。

メンバーが共通目的を定める際に、制度的なアプローチを採用することが有効な場合もある。例えば、「びわこ流域田園水循環推進事業」(JPN2) では、農業排水の再利用について参加農家（土地改良区により400～1万名）から同意を得ることが必要であった。この同意を得るために、このプロジェクトに参加したすべての土地改良区は、通常の意思決定プロセスを利用することとした。具体的には、土地改良区では少なくとも年1回、全組合員又は代理人が出席して総会を開催することが法律で義務づけられており、この総会では、次の会計年度における水利費用や施設の稼働計画、修理管理計画等の重要な決定が行われる。このプロジェクトの対象土地改良区は、組合員から同意を得るためにこの場を利用したのである。この既存の枠組みを活用した制度的なアプローチは、個々の農家から同意を得るための取引費用の削減に貢献している。

3）組織の管理制度

共同行動の成功にはいくつかの組織を管理するための制度が不可欠である。文献研究と事例研究の結果、このような組織管理制度として地域考案型の運営規則、組織の健全なガバナンス、モニタリングと制裁が共同行動の主な成功要因として求められることが明らかとなった。

地域考案型の運営規則

「杓子定規的」なアプローチでは農家を共同行動に取り込むことができない場合があることから、共同行動の成功のためには集団が自ら解決策と実施規則を策定できるようにすることが重要である（Ostrom 1990; Mills他, 2010）。例えばAyer（1997）は、農家主導の組織では、インセンティブ（奨励措置）をうまく規則に組み入れることができ、資源の管理を効果的に行うことができると主張している。対照的に、トップダウンの規則では、地域の状況を十分に反映することができないため、共同行動がうまく機能しない可能性がある。Wade（1988）は、国は地域の行政当局に対して寛容な態度をとり、彼らに十分権限を与え、規則を地域の状況に応じたものにする必要があると主張している。Baland and Platteau（1996）も、高い政府レベルで決められた規則は、地域に対して十分説明されなければならず、また、規則を地域に適応させる余地を与えなければならないとしている。地域の状況に応じて、個別に考案された運営規則が重要となる。

サスカチュワン州の「農業環境グループ・プラン」（CAN1）では、プログラム・コーディネーターや非営利組織などの様々な関係者から支援を受けて、それぞれの集団が地域の状況に応じた行動計画を策定し、流域の農業環境問題に対応している。サスカチュワン州では、70種類以上の環境にやさしい農法を導入するにあたって、農家と政府による費用分担型資金提供プログラムを利用することができ、生産者は個々の生産状況にあった適正な農法をこの中から選択し、取り入れることができる。この柔軟性は、プログラム成功の一つの要因となっている。「ドンメル渓谷」（BEL1）の事例では、緩衝帯の設置に関して、地域の状況に応じた解決策が、地域の組織（ウォータリング）と農家の個人的な（インフォーマルな）関係を通して農家に提供されている。緩衝帯とその管理に関する農家の考えは様々であり、緩衝帯が「自然に溶け込むような感じ」に見えることを好む者がいる一方、短く簡素なも

のを好む者もいる。農家に納得してもらうためにどの程度の労力が必要となるのか、また農家が自らの緩衝帯をどのように管理しようとしているかを事前に知ることは難しい。したがって、農家を個別に訪問して、彼らの状況と好みを聞き出し、そこから地域の状況に応じた解決策を考え出すことが重要となる。この点、ウォータリングは、地域の状況や人を知っており、また、農家はウォータリングのプロジェクト・マネージャーを知っている。これにより、個人的な（インフォーマルな）関係を構築する機会が生まれるのである。

規則を地域の条件に合わせることに加え、地域がそうした規則を地域の具体的な特徴に合うよう自ら修正し、運用できなければならない（Ostrom, 1990）。例えば「ヴィッテル」（FRA1）の事例では、農家は農業用水を管理するための「ルール」作りに参加している。ヴィッテルと分野横断的な研究チームは、農家と協力し、農家の戦略に合った、技術的かつ経済的に実現可能な解決策を、試行錯誤を繰り返しながら作り上げた（Déprés他, 2008）。このプロセスの中で、農家は自ら契約条項についてヴィッテルと議論することができたので、農家側の契約受入れ余地が拡大することとなった（Gafsi, 1999; INRA, 1997, 2006）。さらに、このアプローチは「手続面での効用」も生み出すこととなった。つまり、農家は実際の結果だけでなく、そうした結果をもたらした「状況」からも「効用」を得ることができたのである（Benz他, 2004）。

資源を管理し共同行動を組織化する規則は、簡単でかつ参加者が容易に順守できるものでなければならない。Wade（1988）及びBaland and Platteau（1996）は、簡単なルールは覚えやすく実施しやすいと主張している。これは特に複数の関係者が存在する共同行動に必要とされる要因である。一般的に、複雑なルールは理解しづらく、（意図的であるか否かに関係なく）規則違反者の数を増加させ、結果的にメンバー間での不信感を募らせるおそれが

ある。「トスカーナ州における保全管理」(ITA1) の場合、河川、川床、河岸、運河の浄化のための簡単な規則が、地方公共団体と農家の間で締結されている。農家は、洪水防止のため、川岸の植物管理を行うとともに、川床や土手から樹木、材木、がれきを除去するといった環境維持活動を実施し、地方公共団体から補助金を受け取っている。この河川の共同管理は、プロジェクトのコーディネーター、専門家、農家の間での日常の協力関係を基礎としたものとなっている。こうした日頃からの強固な協力体制は、信頼関係の構築と自発的な協力を進める上で好ましく、過度な規制や官僚的な形式主義を伴わない非常に簡単な契約に基づく活動を可能なものにしている。

共同行動が個々のメンバーにもたらす便益は必ずしも均一ではないかもしれないが、規則は公正で、かつ、参加者間で合意されたものでなければならない。ドイツの「ニーダーザクセン州における飲料水の保全協力」(DEU2) の場合は、飲料水の水質維持と改善及び地下水の汚染拡大防止のため、農家と水道事業体が共同行動をとっている。この共同行動では、農家は共同行動に関して平等な権利を有し、公正かつ合意された規則に基づいて、各指定地域の保全対策、水質保護のための適切な対策、そして、農業、栄養分管理、水質に関するモニタリングと評価を行っている。

組織の健全なガバナンス

特に大規模な集団の場合は、共同行動の管理に関する健全なガバナンスを構築することが重要となる(**図2.1.及び表2.6.**)。集団の規模が大き過ぎる場合、多様なメンバーを管理するためには、共同行動のための独立した組織を設立する必要性が高まる。このような組織の一部は法人格を有し、それが効率的な規則を策定する上で役に立つとともに、優れたガバナンスを確立する助けとなり、資金援助を受ける上でも役に立つ場合がある[8]。例えば「マルグレーブ・ランドケア・キャッチメント」や「ホルブルック・ランドケア」は、

オーストラリアの法律に基づく有限責任の非営利団体として設立されている（AUS1及びAUS2）。両団体とも、農家とその他の専門家から構成される活動的で革新的な評議会を有しており、その評議会の委員は長年に及ぶ評議会での経験や土地管理に関する経験を有している。彼らは月一回、会議を開催し、メンバーは若干の会費を支払っている。こうした枠組みが、年間予算を管理するために必要とされている。スペインの「灌漑コミュニティ」（ESP1）と「動物保健協会」（ESP2）の両事例でも、関係組織は法人格と強力な管理制度を有している。

しかし、資金援助を受けるために正式な法人格が必要かどうかは各国の政策によって異なる[9]。例えば、「ビーバーヒルズ・イニシアチブ」（CAN2）はいかなる法人格も有していない。しかし、ビーバーヒルズ・イニシアチブ評議会と8つの作業部会からなる機能的な組織構造が、連邦政府、州政府、郡政府、NGO、民間企業を含む多様な参加者を管理し、そして政府及び政府以外から資金援助を受入れることを可能にしている。

モニタリングと制裁

フリーライダーと規則違反を防止するために、共同行動をモニタリングすることは重要である。Baland and Platteau（1996）は、共同行動をより一層成功させるためには、集団に対して、地域の資源管理に関する権利を与えるとともに、モニタリングを含む明確な責任を付与するべきであると主張している。モニタリングは国が行うことも可能であるが、Baland and Platteau（1996）によると、資源の利用者自らがモニタリングシステムを構築するほうが、中央集権的なシステムと比べて大幅に関連費用を抑制できる場合が多い。共同行動による共有資源の管理が成功しているケースでは、外部組織ではなく参加者自らがモニタリングを行っている事が多い（Ostrom, 1990）。Pennington and Rydin（2000）も、地域の問題に対応する集団は一

般に小規模であることから、フリーライダー行為を容易に監視することができ、また、地域の問題は地球規模の問題よりもモニタリングしやすいと主張している。例えば「北オタゴ灌漑会社」（NZL3）は、灌漑用水の利用に関して、フリーライダーから農家を保護するため、毎年3分の1の農家を監査し、毎週抜き打ちで水利要件に関する順守状況のチェックを行っている。こうした厳格なモニタリングシステムは、大規模な共同行動が機能する上で重要な役割を果たしている。モニタリング活動が高価な技術と機器を必要とするような場合は、政府が資金援助と技術支援を行い、モニタリングを分権化することが有効となる（Baland and Platteau, 1996）。しかし、非特定汚染源負荷等に対処する場合など、集団の能力の限界を越えるような広い地域のモニタリングが必要となる場合は、集団自らのモニタリングと政府によるモニタリングの両方が必要となる可能性がある。

　また、共同行動が開始されたら、その活動維持のためにはある程度の強制力が必要となる。個人の自発的な参加に委ねると、最適な共同供給レベルを確保することができない場合がある。このため、一般的に、特に大規模な集団による公共財の供給や外部性の内部化のためには強制力が必要となることがある（Dixit and Olson, 2000）。先行研究でも、Wade（1988）は、規則違反に対する対策の必要性について言及しており、より具体的には、Ostrom（1990）が、違反の深刻さの度合いと状況に応じて、「段階的に」制裁を行うことの重要性を指摘している。人は、過ちを犯した場合でも、次はどのように協力すべきかを学ぶことができる。重大な規則違反を行った者は集団から排除されるべきであるが、初めての違反に対して厳しい制裁をもって臨むと、共同行動を促進するというよりはむしろ信頼と協力を損なう結果に陥る場合がある。規則違反者に対する制裁を効果的なものとするためには、違反を容易に発見できる仕組みを構築することも重要となる（Wade, 1988）。今回取り上げた事例の中には、制裁を共同行動の仕組みに組み入れているものもあ

る。例えば、「北オタゴ灌漑会社」の場合、農家と同社との間で締結された環境契約を農家が順守することを担保するため、農家が要件を満たさない場合には、同社は農家への農業用水の供給を停止している（NZL3）。ドイツの「ランドケア協会」の場合は、ランドケアへの援助資金がEUの共通農業政策の第2の柱から行われることが多く、この場合、モニタリングと違反の際の制裁の実施が義務付けられている。ランドケア協会による実施、計画、モニタリングに関する助言に加え、こうした明確な法的要件を設定することは、農家の規則違反に対するリスクを減らすことにもつながっている（DEU1）。

4）外部環境

外部との関係や行政も共同行動に影響を及ぼす。共同行動は自発的に生じる可能性もあるが、立ち上げの際に政府の介入が必要な場合もある（Ayer, 1997）。共同行動が自発的に発展せず、かつ、共同行動による便益が費用を上回る場合は、外部の支援が必要となる。実際、文献研究と事例研究によって、外部からの支援、資金援助及び技術支援が重要であることが明らかとなっている。その他、仲介者やコーディネーターも、関係者を結びつけ、知識を提供し、そして、活動内容と対象を絞る上で重要な役割を果たしている。地方公共団体と国との良好な協力関係も重要である。

政府及び政府以外の主体からの資金援助

複数の研究において、外部機関からの資金援助の重要性が指摘されている。Ecker他（2011）は、オーストラリアの農業にとって、土壌と土地の管理方法を見直す際の最大の課題は、農家の資本力の欠如であるとしている。Hodge and McNally（2000）も、ウェールズでの湿地帯復元に関する共同行動を分析し、共同行動には、資本力が重要であることを明らかにしている。共同行動では初期段階で多額の取引費用が発生することから、資金援助は特

にプロジェクトの初期において重要な役割を果たす（Mills他, 2010）。また、Pollard他（1998）は、スコットランドで非特定汚染源由来の汚染対策に取り組む10のパートナーシップを分析し、共同行動にはスタッフによる労務提供や資金援助などの一定の「呼び水的な支援」が必要なことを明らかにしている。

外部の資金援助は、政府と政府以外の主体の双方から行われる。本書で分析した25の事例では、そのうち21の事例で政府からの資金援助が行われていた。政府からの資金援助については第4章で詳しく論じる。

政府以外の組織も資金援助を行っている。例えば水道事業体は、水質改善のために農家に金銭を支払い、農法を変更させている（BEL2; FRA1; GBR1）。こうした事例では、生態系サービス（水質）の受益者（水道事業者）がサービスの供給者（農家）に対し金銭を支払っている。これらは生態系サービスへの支払い（PES）の例である[10]。NGOも資金援助を行う場合がある。「アオレレ集水域プロジェクト」（NZL1）では、農家の活動を支援するために、政府による資金援助に加えニュージーランド・ランドケア・トラストやデイリー・ニュージーランド等の政府以外の関係者も資金を提供している。ニュージーランドの「持続可能な農業基金」は、政府以外からの資金提供を最低20％受けることを要件としている（MPI, 2012）。多くの「持続可能な農業基金」を活用したプロジェクトでは、申請した団体自らが、多額の現金支援や現物支援を行っている。

政府及び政府以外の主体からの技術支援

共同行動にとっては技術支援も重要である。例えば、地方公共団体からの助言は、地域の状況に適した参加候補者を見つけ出す上で有効となる（Hodge and McNally, 2000; Mills他, 2010）。研究開発、テクノロジー、イノベーションは、農家の能力を向上させ、共同行動を促進することができる。制裁も、

政府が共同行動を強化するという点で技術支援の1つと言える（Ayer, 1997）。ただし、集団自らによる制裁の方が、政府による制裁よりも有効な場合がある点について留意する必要がある。

　技術支援は、政府と政府以外の双方が行うことができる。農家は、資源管理について常に十分な科学的知識を有している訳ではない。農家が具体的な専門知識を欠いている場合、政府、大学、研究者等の外部の専門家が技術支援を行うことができる。例えば「東海岸林業プロジェクト」（NZL2）では、土地所有者による土壌侵食問題への対応を支援するため、政府は積極的な関与を行い、無償で技術協力を行っている。ニュージーランド第一次産業省とギズボーン地方の自治体は共同で各土地所有者に働きかけ、個別の土壌侵食対策計画を作成している。政府からの技術支援については第4章で詳しく述べる。

　政府以外の組織も技術支援を行っている。例えば「ニーダーザクセン州における飲料水の保全協力」（DEU2）の場合、農家と水道事業体による水質改善の取組を支援するため、コンサルタント業者や農業会議所が派遣する専門技術アドバイザーが、個別の農家や農業者団体に働きかけ、個々の農家の農業環境問題に対する知識や理解を深めるとともに、水質保全対策の促進に関する支援を行っている。彼らは、概念的なプロセスを具体化・体系化し、モニタリングと評価を行うとともに、関係者による議論の場を提供している。

仲介者及びコーディネーター

　共同行動には、農家主導のボトムアップによる取組や政府主導のトップダウンによる取組、そしてボトムアップとトップダウンのアプローチの組み合わせ（例えば、共同行動を促進する政府のプログラムなどの政府主導のトップダウンアプローチの下で、農家が自発的に共同行動を展開する形態）が存在する。これらすべての場合において、仲介者とコーディネーター（NGO、

政府のプログラムのスタッフ、研究センター等）が重要な役割を果たすことが少なくない。彼らは問題と政策に関する情報を提供し、参加者間の連携を促し、スタッフの派遣などの現物供与による支援や資金援助を行うことができる。Ecker他（2011）は、オーストラリアの農家にとって、土地と土壌管理の方法を見直す際に最も影響を受けるのは、ランドケアと生産者団体からの支援であることを明らかにしている。Mills他（2010）は、共同行動の成功には、地域のコーディネーターによる集団形成プロセスへの関与が重要であると主張している。

多くの事例研究でも、仲介者とコーディネーターの重要性が指摘されている。「マルグレーブ・ランドケア・キャッチメント」（AUS1）の場合は、十分な学歴と実用的なスキルを有する経験豊富で熱心、かつ十分な資格を備えたコーディネーターが、強力な推進役になっている。「飲料水の保全」（DEU2）における共同行動でも、専門技術アドバイザーや地域の常設連絡窓口、各種活動のコーディネーターの存在が不可欠なものとなっている。ドイツのランドケアプログラムでは、コーディネーターが重要な役割を果たすことから、全国規模の統括団体であるドイツランドケア協会は、こうしたコーディネーターの適格者が100％雇用されるような魅力的な雇用環境作りに努めている。このコーディネーターは、土地管理者やその他の関係者に対してだけでなく、行政とのネットワークを構築する上でも中心人物となる。

個人だけでなく組織も、仲介者とコーディネーターの役割を担うことができる。例えば、「カンパニア州のコミュニティガーデン」（ITA2）は地域のNGOが運営している。このNGOは、コミュニティガーデン利用者の意欲を引き出し、プロジェクトを促進し、コミュニティガーデンを積極的に提唱するとともに、メンバー間のコミュニケーションの円滑化を図り、紛争や交渉時の調停者としての役割を担っている。また、当該NGOは、専門知識、能力、経験を共有するとともに、利用者に対する環境教育の改善を図っている。さ

らに、このNGOは、全国的なNGOのネットワークを活用し、地域を越えてその経験を普及している。ドイツの「アイダー渓谷の湿地帯復元」（DEU3）では、水・土地協会が監督を行い、共同行動の主催者や仲介者として活動している。同協会は、土地所有者や農家との交渉、土地の購入、長期的な土地管理の実施、農家との集約農業の生産縮小に関する契約の締結などを行うことにより、集団放牧用の大規模な土地を獲得している。こうした主催者兼仲介者がいなければ、共同行動は適切に機能しないと考えられる。

地方公共団体と国の協力体制

　地方公共団体と国の協力は重要である。共同行動は通常、地域の問題を取り扱い、地域についての知識は地方公共団体が豊富に有している。一方、国は地方公共団体以上の資源や財源を提供することができる。また、共同行動が対象とする地理的範囲が町や郡などの地方公共団体の境界を越えている場合は、国が支援を行う必要がある。したがって、地域の詳細な問題に関する地方公共団体からの支援と、大規模な資源や財源に関する国からの支援の両支援が必要となる。

　OECDの事例の多くで、地方公共団体と国の両方が支援を行っている。例えば「東海岸林業プロジェクト」（NZL2）の場合、ギズボーン地方の土壌侵食対策に必要とされる資源や財源は、金銭的なものも含め地方公共団体の能力を超えている。このため、土地所有者が土壌浸食対策を目的に行う共同行動に対して、ニュージーランド第一次産業省が支援を行っている。一方、地方公共団体も、侵食地域及び侵食傾向にある地域を対象に規制を設定することにより、共同行動を支援している。具体的には地方公共団体は、土壌浸食防止に費用対効果の高い対策である植樹等を盛り込んだ地域計画を作成し、土地所有者に対して対策をとるよう義務づけている。一方、ニュージーランド第一次産業省のプロジェクトは、土地所有者に対して補助金を交付するこ

とにより、土地所有者がこの規制要件を満たすことができるよう支援している。この事例研究は、国と地方公共団体の良好な関係が、共同行動の成功にとって重要であることを示している。

注
1. ある地域での共同行動が当該地域には有益であるものの、近隣地域に悪影響を及ぼすような場合、当該共同行動による受益者と損害を被ることになる者との間で合意が形成されるよう、対象地域を拡大し、双方のメンバーからなる新しい共同行動を形成する必要がある可能性がある。例えば、ある農業者の集団により新たに導入された農業用水施設は、安定的な水の供給の確保を通じて、これらの農業者に便益をもたらすことができる。しかし、地域全体の水資源が限られている場合は、この新しい給水割当てにより近隣住民の水使用量に影響を及ぼす可能性がある。この場合、地域における適切な水使用の割当てを議論するために、農業者、近隣住民、そして必要に応じて政府を含むより広範な集団を形成する必要がある可能性がある。
2. 「魚のゆりかご水田プロジェクト」（滋賀県）（JPN1）は、地方公共団体が推進するプロジェクトである。政府による介入が全くなければ、農家は特別な取組を行い、魚が水田で産卵できるような環境を整えようとはしなかったと思われる。しかし、同プロジェクトは規制ではなく、農業環境支払いにより促進されている。地方公共団体が同プロジェクトを推進しているとは言え、農家がプロジェクトに参加するか否かは任意である。さらに、個別の農家では、同プロジェクトを実施することはできない。したがって、農家が同プロジェクトに参加するためには、近隣の農家と協力する必要がある。ボトムアップによる協力が、トップダウンであるこの共同行動の前提条件となっているのである。

3. 「規模の経済」とは、生産の増加に伴い生じる費用優位性のことである。「範囲の経済」とは、同時に2つ以上の製品を生産することにより得られる費用優位性のことである。
4. 付録Aでは、利己的な個人の行動によって引き起こされる共同行動の問題について、ゲーム理論を用いた分析を行っている。
5. 「バンドリング(複数のサービス、商品を、まとめて一つの商品として販売すること)」は、取引費用とフリーライダーの問題による公共財の過少供給を解決する方法の1つである(Dixit and Olson, 2000)。バンドリングの場合、参加者は個別の問題に別々に参加するオプションを有していない。すなわち、参加者はパッケージすべてに参加するか、全く参加しないかのどちらかを選択しなくてはならない。この場合、各個人はいくつかの問題に関して行動への参加によって適正な便益を得ることができない場合であっても、総便益が総費用を上回る場合はパッケージ全体への参加を選択する可能性がある。したがって、公共財を私的財とバンドリングすることにより、個人を公共財の供給へと誘導することが可能となる場合がある。
6. 現状維持傾向等の農家行動に影響を与える要因については、第3章でより詳しく論じる。
7. 例えば小規模な集団は、集団活動の調整、モニタリング、実施に関連する取引費用を削減することができる(Ayer, 1997)。
8. 一部の政府プログラムは、集団が補助金の管理についての契約上の責任主体となることができるよう、法人格を有していること、又は法人により管理されていることを要件としている。
9. 共同行動(「アオスタ渓谷の山間牧草地の農家」(ITA3)、「アオレレ集水域グループ」(NZL1)等)には、独立した組織を持っていないため、法人格を有さないものもある。

10. 生態系サービスへの支払い（PES）とは「生態系サービスの利用者又は受益者が、自らの運営上の決定が生態系サービスの供給に影響を及ぼすこととなる個人又は集団に対して、支払いを行う契約」のことである（OECD, 2010）。この生態系サービスへの支払いは、生態系サービスの少なくとも「1名」の売り手と「1名」の買い手の間で結ばれる契約のことを指す。したがって、共同行動は、生態系サービスへの支払いの前提条件ではない。

参考文献

Agrawal, A. (2001), "Common Property Institutions and Sustainable Governance of Resources", *World Development*, Vol. 29, No. 10.

Ahn, T.K. and E. Ostrom (2002), "Social Capital and the Second-generation Theories of Collective Action: An Analytical Approach to the Forms of Social Capital", Paper prepared for delivery at the 2002 Annual Meeting of the American Political Science Association, Boston, Massachusetts, August 29-September 1, 2002.

Aldrich, H. and R.N. Stern (1983), "Resource Mobilization and the Creation of US Producer's Cooperatives, 1835-1935," *Economic and Industrial Democracy*, Vol. 4.

Ayer, H. (1997), "Grass Roots Collective Action: Agricultural Opportunities", *Journal of Agricultural and Resource Economics*, Vol. 22, No. 1.

Baland, J.M. and J.P. Platteau (1996), *Halting Degradation of Natural Resources: Is there a Role for Rural Communities?*, FAO (Food and Agriculture Organization of the United Nations), Rome.

Bamière, L., M. David and B. Vermont (2012), "Agri-environmental

Policies for Biodiversity When the Spatial Pattern of the Reserve Matters", *Ecological Economics*, Vol. 85.
Benz, M., B.S. Frey and A. Stutzer (2004), "Introducing Procedural Utility, Not Only What But Also How Matters", *Journal of Institutional and Theoretical Economics*, Vol. 160, No. 3.
Cooper, T., K. Hart and D. Baldock (2009), *The Provision of Public Goods through Agriculture in the European Union*, report prepared for DG Agriculture and Rural Development, Contract No 30-CE-023309/00-28, Institute for European Environmental Policy, London.
Cremer, D.D. and M.V. Vugt (2002), "Intergroup and Intragroup Aspects of Leadership in Social Dilemmas: A Relational Model of Cooperation", *Journal of Experimental Social Psychology*, Vol. 38, pp. 126-136.
Damianos, D. and N. Giannakopoulos (2002), "Farmers' Participation in Agri-environmental Schemes in Greece", *British Food Journal*, Vol. 104, No. 3/4/5.
Davies, B., K. Blackstock, K. Brown and P. Shannon (2004), *Challenges in Creating Local Agri-environmental Cooperation Action amongst Farmers and Other Stakeholders*, The Macaulay Institute, Aberdeen.
Defrancesco, E., P. Gatto, F. Runge and S. Trestini (2008), "Factors Affecting Farmers' Participation in Agri-environmental Measures: A Northern Italian Perspective", *Journal of Agricultural Economics*, Vol. 59, No. 1.
Déprés C, G. Grolleau and N. Mzoughi N (2008), "Contracting for Environmental Property Rights: The Case of Vittel", *Economica*, Vol. 75, No. 299.
Dixit, A. and M. Olson (2000), "Does Voluntary Participation Undermine

the Coase Theorem?", *Journal of Public Economics*, Vol. 76.
Dowling, J.M. and Y. Chin-Fang (2007), *Modern Developments in Behavioral Economics: Social Science Perspectives on Choice and Decision*, World Scientific Pub Co Inc.
Dunbar R.I.M. (1992), "Neocortex Size as a Constraint on Group Size in Primates", *Journal of Human Evolution*, Vol. 22, No. 6.
Ecker S., R. Kancans and L. Thompson (2011), "Drivers of Practice Change in Land Management in Australian Agriculture: Preliminary National Survey Results", *Science and Economic Insights*, Issue 2.1-2011, Australian Bureau of Agricultural and Resource Economics and Sciences, Australian Government.
Ecker, S., L. Thompson, R. Kancans, N. Stenekes, and T. Mallawaarachchi (2012), *Drivers of Practice Change in Land Management in Australian Agriculture*, ABARES report to client prepared for Sustainable Resource Management Division, Department of Agriculture, Fisheries and Forestry, Canberra, December.
Ellingsen, T. and E. Paltseva (2012), "The Private Provision of Excludable Public Goods: An Inefficiency Result", *Journal of Public Economics*, Vol. 96.
Gafsi, M (1999), "Aider les Agriculteurs à Modifier Leurs Pratiques – Eléments pour une Ingénierie du Changement", *Façsade*, 3, 1-4.
Granovetter, M. (1978), "Threshold Models of Collective Behavior", *The American Journal of Sociology*, Vol. 83, No. 6.
Hardin, G. (1968), "The Tragedy of the Commons", *Science*, Vol. 162.
Harris-Adams, K, P. Townsend and K. Lawson (2012), *Native Vegetation Management on Agricultural Land*, ABARES (Australian Bureau of

Agricultural and Resource Economics and Sciences) Research report 12.10, Canberra, November.

de Hayr, B. (2012), *Health of the Landcare Movement Survey Results*, National Landcare Facilitator.

Hearnshaw E.S., S.N. Holmes, J.J. Yeates, D.D. Karl, A.C. Schollum and M.N. Simms (2012), "Collective Action Success in New Zealand", Strategic Policy Team, Ministry of Environment, Wellington, New Zealand.

Hodge, I. and S. McNally (2000), "Wetland Restoration, Collective Action and the Role of Water Management Institutions", *Ecological Economics*, Vol. 35.

Hodge, I. and M. Reader (2007), *Maximising the Provision of Public Goods from Future Agri-environment Schemes*, Final Report for Scottish Natural Heritage, Rural Business Unit, Department of Land Economy, University of Cambridge.

INRA (1997), Vittel, *Les Dossiers de l'environnement de l'Inra*, 14.

INRA (2006), Programme Agriculture-Environnement Vittel (AGREV), www.inra.fr/vittel/index.htm, Visited on line July, 31, 2012.

Ledyard, J. (1995), "Public Goods: Some Experimental Results", in J. Kagel and A. Roth (eds.), *Handbook of Experimental Economics*, Princeton University Press, Princeton, NJ.

Lubell, M., M. Schneider, J.T. Scholz and M. Mete (2002), "Watershed Partnerships and the Emergence of Collective Action Institutions", *American Journal of Political Science*, Vol. 46, No. 1.

Marks, M. and R. Croson (1998), "Alternative Rebate Rules in the Provision of a Threshold Public Good: An experimental investigation",

Journal of Public Economics, Vol. 67, No. 2.

Marshall, G. R. (2008), "Nesting, Subsidiarity, and Community-based Environmental Governance beyond the Local Level", *International Journal of the Commons*, Vol. 2.

McCarthy, N. (2004), "Local-Level Public Goods and Collective Action", in R. Meinzen-Dick and M. Di Gregorio (eds.), *Collective Action and Property Rights for Sustainable Development*, 2020 Vision for Food, Agriculture and the Environment, Focus 11, IFPRI (International Food Policy Research Institute), Washington, D.C.

Meinzen-Dick, R. and M. Di Gregorio (eds.) (2004), *Collective Action and Property Rights for Sustainable Development*, 2020 Vision for Food, Agriculture and the Environment, Focus 11, IFPRI, Washington, D.C.

Mills, J., D. Gibbon, J. Ingram, M. Reed, C. Short and J. Dwyer (2010), "Collective Action for Effective Environmental Management and Social Learning in Wales", paper presented at the Workshop 1.1 Innovation and Change Facilitation for Rural Development, 9th European IFSA, Building Sustainable Futures, Vienna Austria, 4-7 July 2010.

MPI (Ministry for Primary Industries of New Zealand) (2012), "2013 Ministry for Primary Industries: Sustainable Farming Fund Application Guidelines", Ministry for Primary Industries, Wellington.

OECD (1998), *Co-operative Approaches to Sustainable Agriculture*, OECD Publishing, Paris. DOI: 10.1787/9789264162747-en.

OECD (2007), *The Implementation Costs of Agricultural Policies*, OECD Publishing, Paris. DOI: 10.1787/9789264024540-en.

OECD (2010), *Paying for Biodiversity – Enhancing the Cost-effectiveness* of *Payments for Ecosystem Services*, OECD Publishing, Paris. DOI: 10.1787/9789264090279-en.

OECD (2012a), *Evaluation of Agri-Environmental Policies: Selected Methodological Issues and Case Studies*, OECD Publishing, Paris. DOI: 10.1787/9789264179332-en.

OECD (2012b), *Farmer Behaviour, Agricultural Management and Climate Change*, OECD Publishing, Paris. DOI: 10.1787/9789264167650-en.

Oerlemans, N., J.A. Guldemond and A. Visser (2007), *Role of Farmland Conservation Associations in Improving the Ecological Efficacy of a National Countryside Stewardship Scheme, Ecological Efficacy of Habitat Management Schemes*, (Summary in English) Background report No. 3. Wageningen, Statutory Research Tasks Unit for Nature and the Environment.

Olson, M. (1965), *The Logic of Collective Action: Public Goods and the Theory of Groups*, Harvard University Press, Cambridge.

Ostrom, E. (1990), *Governing the Commons: The Evolution of Institutions for Collective Action*, Cambridge University Press, New York.

Ostrom, E. (1998), "A Behavioral Approach to the Rational Choice Theory of Collective Action: Presidential Address, American Political Science Association, 1997", *The American Political Review*, Vol. 92, No. 1.

Ostrom, E. (1999a), "Coping with Tragedies of the Commons", *Annual Review of Political Science*, Vol. 2.

Ostrom, E. (1999b), "Self-Governance and Forest Resources", CIFOR

Occasional Paper No. 20, Center for international Forestry Research, Indonesia.

Ostrom, E. (2004), "Understanding Collective Action" in R. Meinzen-Dick and M. Di Gregorio (eds.), Collective Action and Property Rights for Sustainable Development, 2020 Vision for Food, Agriculture and the Environment, Focus 11, IFPRI (International Food Policy Research Institute), Washington, D.C.

Ostrom, E. (2010), "Analyzing Collective Action", *Agricultural Economics*, Vol. 41.

Pennington, M. and Y. Rydin (2000), "Researching Social Capital in Local Environmental Policy Contexts", *Policy & Politics*, Vol. 28, No. 2.

Pollard, P., E. Leighton and T. Seymour (1998), "Partnership Approaches to Diffuse Pollution Management", in Petchey, M., B. J. Darcy and C. A. Frost (eds.), *Diffuse Pollution and Agriculture*, Proceedings of the Second Diffuse Pollution and Agriculture Conference in Edinburgh, The Scottish Agricultural College, Aberdeen.

Polman, N., L. Slangen and G. van Huylenbroeck (2010), "Collective Approaches to Agri-environmental Management", in Oskam, A., G. Meester and H. Silvis (eds.), *EU policy for Agriculture, Food and Rural Areas*, Wageningen Academic Publishers.

Pretty, J. (2003), "Social Capital and the Collective Management of Resources", *Science*, Vol. 302.

Rondeau, D., W.D. Schulze and G.L. Poe (1999), "Voluntary Revelation of the Demand for Public Goods Using a Provision Points Mechanism", *Journal of Public Economics*, Vol. 72, No. 3.

Rudd, M.A. (2000), "Live Long and Prosper: Collective Action, Social

Capital and Social Vision," *Ecological Economics*, Vol. 34, No. 234.

Scott, J. and G. Marshall (2009), *A Dictionary of Sociology*, Oxford University Press, Oxford.

Shobayashi, M., Y. Kinoshita and M. Takeda (2011), "Promoting Collective Actions in Implementing Agri-environmental Policies: A Conceptual Discussion", Presentation at the OECD Workshop on the Evaluation of Agri-environmental Policies, 20-22 June, Braunschweig.

Singleton, S. and M. Taylor (1992), "Common Property, Collective Action and Community", *Journal of Theoretical Politics*, Vol. 4, No. 3

Swinnerton, G.S. (2010), "The Beaver Hills Initiative: Collaborating with Local Government to Promote Bioregional Planning in Alberta", Presentation at the Canadian Land Trust Alliance Conference, 1 October, Banff, Canada.

Uetake, T. (2012), "Providing Agri-environmental Public Goods through Collective Action: Lessons from New Zealand Case Studies," Paper presented at the 2012 New Zealand Agricultural and Resource Economics Society Conference, Nelson, New Zealand. August 30-31, 2012.

Vanslembrouck I., G. Van Huylenbroeck and W. Verbeke (2002), "Determinants of the Willingness of Belgian Farmers to Participate in Agri-environmental Measures", *Journal of Agricultural Economics*, Vol. 53.

Vojtech, V. (2010), *Policy Measures Addressing Agri-environmental Issues*, OECD Food, Agriculture and Fisheries Working Papers, No. 24, OECD Publishing, Paris.

Wade, R. (1988), *Village Republics: Economic Conditions for Collective*

Action in South India, ICS Press, Oakland.
White, T.A. and C.F. Runge (1994), "Common Property and Collective Action: Lessons from Cooperative Watershed Management in Haiti", *Economic Development and Cultural Change*, Vol. 43, No. 1.
木南莉莉 (2012) "農学国際協力における知識創造の可能性と課題−国際フードシステム論の視点から−", 農学国際協力, Vol.12.
農林水産省 (2012), "平成24年度農地・水保全管理支払交付金の取組状況", 農林水産省, 東京

第 3 章

農家行動と共同行動

本章ではソーシャル・キャピタル（社会関係資本）に焦点を当てる。共同行動を促進するアプローチを設計する場合、個々の農家の行動と彼らが集団としてとる行動の力学を理解することが重要となる。この点について、第 2 部で取り上げている事例研究を参照しつつ、行動経済学を用いて検討する。ソーシャル・キャピタルとは、社会的規範、ネットワーク、組織の管理制度、相互信頼といった社会的な交流に関係する様々な態度や特徴を包含する広範な概念である。ソーシャル・キャピタルにより、共同行動の取引費用を削減し、集団内の利益の調整を容易にし、そして、お互いに行動を予測することが可能となる。

共同行動を促進するアプローチを設計する際には、個々の農家の行動と彼らが集団としてとる行動の力学を理解することが重要である。Ostrom (1998) は、評判、信頼、互酬性が集団内の個人の行動に影響を及ぼすと主張している。集団が共有する信頼、互酬性、規範、組織の管理制度といったソーシャル・キャピタルは、共同行動が供給する公共財と正の外部性を理解する上で重要である（Rudd, 2000）。本節では、OECDの事例研究を参照しつつ、行動経済学を用いて、この点に関する農家の集団での行動について考察する。

3.1. 農家行動と行動経済学[1]

行動経済学は心理学と経済学の知見を組み合わせたものであり、人間の意思決定を理解し予測するため、関連する理論と関連分野の実証研究の成果を応用している（OECD, 2012）。社会的規範、行動習慣、認識パターン等の要因は、金銭的インセンティブや抑止力といったより伝統的な要因とともに農家の共同行動への参加に影響を与える。税金や補助金等の市場主体の伝統的な経済手法はよく機能するものの、行動に影響を与える他の要因を完全に打ち消すことができない場合もある。

Blandford（2010）は、伝統的な経済学の基礎となる人間の行動に関する仮定、すなわち農業政策を考案する際の「人々は経済人（又はホモ・エコノミクス）として合理的に行動する」という見解が単純過ぎることを強調している。経済人には、1）将来の消費に対して一定の割引率を有していること、2）不確実な便益の中から効用の期待値を最大化する選択ができること[2]、3）効用はリターンの絶対的水準から導かれるものであることという3つの主な特徴がある。しかしGintis（2000）は、個人は体系的にこのような仮定に違反することを明らかにした。個人は、1）現在と近い将来の間の取引にはより高い割引率を適用する一方、近い将来と遠い将来の間の取引には低い

割引率を適用する場合が多く（双曲割引）、2）便益に関する効用の期待値を最大化するのではなく、むしろ経験則に基づく限られた知識を信頼し、伝統的な経済学の仮定と比べてより単純な方法で価値を予測し、3）価値と「現状」を比較（相対的水準を重視）する。

　Ostrom（2010）は、「限定合理性」の仮定の方が、共同行動を説明する上でよりよい議論の基礎となると主張している。彼女によると、意思決定者が物質的な便益を最大化すると仮定する「合理的選択理論」は、個人が市場において最適な成果を目指すことを説明することはできるが、公共財の供給に賛成したり自発的に貢献するといった非市場的な行動について十分に説明することができない。行動経済学は、近代経済学の主要な方法論を否定するものではなく、修正を加えることを可能とするものである（OECD, 2012）。伝統的な経済分析モデルを心理学の研究成果によって補完することにより、より強固なものにすることができる。

　OECDの農家行動に関する最近の研究では、農家の行動に影響を与える要因について分析を行っている（OECD, 2012）。同研究では、Prendergrast他（2008）が作成した枠組みを用いて、行動の変化を促す様々な要因を、外部要因（金銭面及び労力面の利益や費用）、内部要因（慣習及び認知のプロセス）、社会的要因（社会的規範及び文化的態度）の3つに分類している（図3.1.）。

外部要因

　図3.1.は、金銭的インセンティブ（金銭的利益や費用の減少・増加）や規則（労力や時間的な便益又は費用の減少・増加）等の外部要因が農家の行動に影響を与えることを示している。ただし、伝統的な経済学が通常重視するこうした外部要因は、農家の行動を部分的にしか説明できないことが分かる。例えば、Poe他（2001）は、総合的な施肥管理計画への参加に伴い発生する費用が仮に全額補償される場合であっても、同計画の導入に同意する農家は

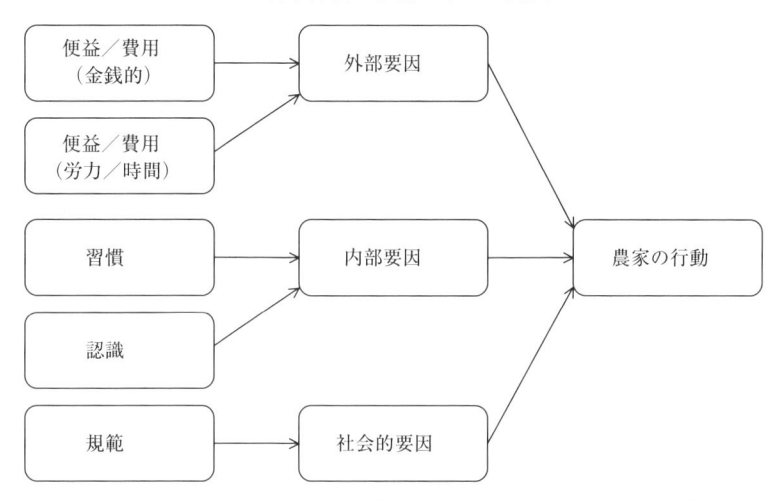

第3章　農家行動と共同行動　153

図3.1. 農家行動に影響を与える要因

```
便益／費用
（金銭的）      ──→  外部要因 ──┐
便益／費用                      │
（労力／時間） ──→              │
                                ↓
習慣          ──→  内部要因 ──→ 農家の行動
認識          ──→              ↑
規範          ──→  社会的要因 ──┘
```

出典：Defra（2008）及びPrendergrast他（2008）を基にOECD（2012）が作成。

78%に過ぎないことを発見した。このように、金銭的インセンティブは、農業環境プログラムへの参加を決定する際の一つの要因に過ぎないといえる。

　今回研究した25の事例のすべてにおいて、公共財の供給又は負の外部性の削減に関して、何らかの金銭的取引が行われている。4つの事例（ITA2、BEL2、FRA1、GBR1）以外では、公共財の供給や負の外部性の削減を行う農家に対して政府が農業環境支払いを行っている。この政府による支払いのない4事例のうちピドゥパ（BEL2）、ヴィッテル（FRA1）、サウスウェスト・ウォーター（GBR1）の3事例の場合は、水道事業体が水質改善のために農家に金銭を支払っている。また、残りの1事例である「カンパニア州のコミュニティガーデン」（ITA2）はクラブ財として運営されており、地域のNGOが地元住民にガーデニングの機会を提供し、住民はサービスの利用に対して対価を支払っている。

内部要因

　習慣や認識等の内部要因も農家の行動に影響を与える。オーストラリアにおける最近の調査では、原植生の保全については環境面の動機が非常に重要であり、内面的な動機が人を最初に突き動かし、その後で彼らは外部の支援を求めることを明らかにしている（Ecker他, 2012）。伝統的な市場ベースの介入は、行動を変えるために外部の経済的要因に作用し、人間はそうした経済的要因のみを考慮して合理的に行動すると仮定している。しかし、図3.1.で示されるように、農家の行動は他の要因にも左右されるため、多くの場合、人の行動は経済合理性の観点からだけではうまく説明できない。最近の研究では、多くの農家の行動が実際には経済的に合理的な行動から「規則的」に逸脱していることが示されている。例えば、人は所得の絶対的な水準だけでなく、他者と比較した場合の相対的な所得水準にも基づいて効用を評価している。このため、ある変化が起こった際には、その変化は絶対値ではなく、基準点（多くの場合現状）との比較で判断されることとなる。加えて、人は現状を好むため、現在の状況から人を動かすのには多大な労力が必要になる場合がある（現状維持バイアス）。図3.2.では、Kahneman and Tversky (1979) とTversky and Kahneman (1992) による「プロスペクト理論」に基づく異なる視点が図示されている。この理論によると、期待値の曲線の傾きは基準点（現状）を境に凹状から凸状に切り換わっている。これは個人が利益についてはリスク回避的である一方、損失についてはリスク選好的であることを示しており、損失Xドル（絶対値）の期待値（b）は、同額の利益の期待値（a）よりも大幅に高いことを意味している。

　プロスペクト理論は環境面に対する農家の行動を説明する際にも有効である。農家は基準点におり、現状維持バイアスを有している。このため、この基準点から農家を動かすのには労力を要する。農家は長年にわたり農作業を

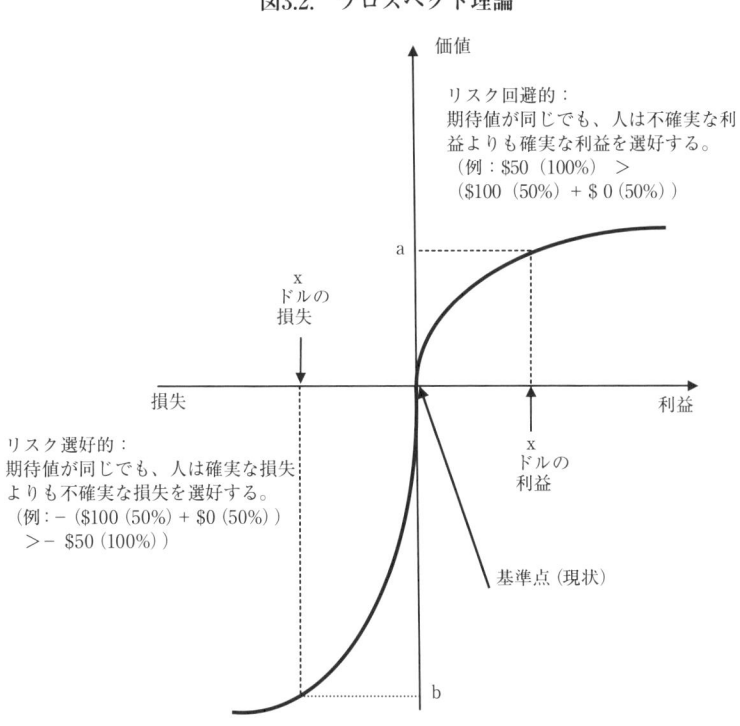

図3.2. プロスペクト理論

価値

リスク回避的：
期待値が同じでも、人は不確実な利益よりも確実な利益を選好する。
（例：$50（100%） ＞
（$100（50%）＋$0（50%））

x ドルの損失

損失 ─────────────── 利益

リスク選好的：
期待値が同じでも、人は確実な損失よりも不確実な損失を選好する。
（例：－（$100（50%）＋$0（50%））
＞－$50（100%））

x ドルの利益

基準点（現状）

出典： Kahneman and Tversky（1979）を基に OECD（2012）が作成。

行っており、通常自らの農業技術に誇りを持っているため、これは十分予想される事態である。このため、彼らに農作業の変更を求める場合、有力な証拠とインセンティブ（奨励措置）が伴わなければならない。例えば、「何もしない」という現状の周辺に、利益と損失が対称に分布しているとしよう。この状況において、農法の変更によって、農家の状況が改善又は悪化する場合、農法の変更は不確実な結果をもたらすと農家が考えると、被りうる損失に対する恐怖の方が、損失と同じ額、同じ確率で生じうる利益の魅力を上回

ってしまうことがある。

　現在進行しつつある問題に対する認識と自覚も非常に重要である。土壌侵食や水質悪化といった農業に由来する環境問題は、長期的に農業に負の影響をもたらす。現在の農作業のやり方を続けた場合に、こうした環境問題が将来的に発生する可能性を農家は認識しているかもしれないが、すべての農家が損害を軽減するために先を見越した行動をとる訳ではない。むしろ、大多数は損害が目に見えるようになるまで行動しない。しかし損害が観察された時点では、すでに深刻な負の影響が生じている可能性がある。今回行った事例研究によると、共同行動は問題が深刻かつ否定できなくなって始めて立ち上がる場合がある。例えば、「北オタゴ灌漑会社」（NZL3）の場合、近年の長期的な干ばつが農家に深刻な被害を与えていることが共同行動の大きな引き金になった。農家にとって水の安定供給を確保することは長年にわたる課題であったが、大規模な灌漑スキーム設立に必要な資金についての不安が共同行動の進展を妨げていた。しかし、1999年の干ばつの後、水の安定供給の確保に対する強い要望から、農家その他の参加者はついに共同行動を立ち上げることを決断するに至った。

　人の行動は、情報の入手可能性の影響も受ける（入手可能性の経験則）。さらに人間は、すぐに思いつくリスクの方に高い重要性を感じる傾向がある。例えば、「ピュハ湖復元プロジェクト」（FIN1）では、ピュハ湖の周辺に長年住んでいる人の多くは、自ら所有する湖岸の藻類等に負の徴候が出ていることに気付くまで、湖の富栄養化や復元作業、又はそのニュースや情報に注意を払っていなかったことがわかっている。これは、情報提供のあり方が農家の行動に非常に大きな影響を与えることを示唆している。

　また、人は一定の割引率を有している訳ではない。伝統的な経済学では、個人は一定の指数関数的割合で将来を割引くと仮定しているが、実際には双曲割引を行っていることが少なくない。すなわち、人は、現在と近い将来の

間の取引には高い割引率を適用する傾向があるが、近い将来と遠い将来の間の取引には低い割引率を適用する傾向がある（Laibson, 1997; Gintis, 2000; Hepburn他, 2010; OECD, 2012）。双曲割引は、近い将来を待つことは難しいが（高い割引率のため）、遠い将来を待つことは可能である（低い割引率のため）ことを説明することができる。例えば、人は通常、明日の110米ドルよりも今日100米ドルを手に入れることを選好するが、日数の差は同じ1日であるにもかかわらず、30日後の100米ドルよりも31日後に110米ドルを手に入れることを選好する傾向があることが知られている（Dowling and Chin-Fang, 2007）。人が一定の割引率を用いているならば、このような時間的不整合は生じない。双曲割引は、人間の近視眼的態度と自制の困難さ（遅延、中毒等）を説明するために頻繁に使用される。近い将来の高い割引率のため、農家は時として短期的な利益を求めることがある（例えば、農薬の過度の使用）。しかし、そうした近視眼的行為により環境問題が発生した場合は、その克服には時間がかかる。実際、共同行動は農業環境問題が深刻になると発展する傾向がある（Lubell他, 2002）。このような短期的な利益を追求する傾向を克服するため、「背水の陣」を敷く方法（例えば、環境にやさしい農法の採用宣言）の重要性が主張されている（Hepburn他, 2010; OECD, 2012）。

　こうした内部要因を取り扱うためには新しいアプローチが必要である。例えば、環境に対する意識の向上や望ましい行動には対価を支払うことを目標にした教育や助言は、人々の習慣や認識に影響を与えることができる。簡潔で直観的なメッセージによるキャンペーンを展開し、経験則や傾向を考慮した政策オプションを設けることも重要である。外部要因と内部要因については、OECD（2012）で幅広く議論している。このため、次節では、共同行動に大きな影響を与えるもう1つの要因である「社会的要因」について論じる。

3.2. ソーシャル・キャピタル、農家行動、共同行動

 ソーシャル・キャピタルとは、社会的規範、社会的ネットワーク、組織の管理制度、相互信頼といった社会的交流に関係する様々な態度や特徴を包含する広範な概念である。強力なソーシャル・キャピタルは、共同行動の取引費用を引き下げ、集団内の利益の調整を容易にし、そして、メンバーがお互いの行動を予測することを可能にする (Pretty, 2003; Davies他, 2004)。農家の間に強力なソーシャル・キャピタルが存在する場合、集団での行動は容易になる。ソーシャル・キャピタルを取りこみ、その強化に努めるアプローチは、規制、課税、価格システムを利用する伝統的な公共政策のアプローチを補完することができる (World Bank, 2009)。本節では、OECDの事例を参照しながら共同行動におけるソーシャル・キャピタルと農家行動に関する最近の研究を評価、議論する。

ソーシャル・キャピタル

 ソーシャル・キャピタル（社会関係資本）の定義は一般に「個人や集団の目標達成に貢献する社会的な属性及び関係の様々な側面」とされている (Davies他, 2004)。Ahn and Ostrom (2002) は、「過去において個人が形成した価値と関係性で、現在及び将来における社会的なジレンマの克服を容易にするために利用しうるもの」と定義している。ソーシャル・キャピタルは通常、信頼、互酬性、義務と期待、価値と態度、情報と知識、ネットワーク、公式の集団、規範、文化、組織の管理制度と規則、制裁等から構成されている (Davies他, 2004)。

 この広範な概念には多くの種類の要因が含まれている。Ahn and Ostrom (2002) によれば、ソーシャル・キャピタルには、信頼性、ネットワーク、

組織の管理制度の3つの基本的なカテゴリーが存在する[3]。相互間の信頼は社会的な関係の確立に不可欠である。地域社会や近所づきあい等のネットワークは信頼関係を醸成し、社会的な交流を促進する。ソーシャル・キャピタルを形成するためには、個人は社会的なネットワークで繋がれていなければならない（Dowling and Chin-Fang, 2007）。そして、組織化された地域の委員会や学校等の社会システムは、より総合的に信頼関係の構築を促進することができる。より一般化された社会的信頼関係を強化することにより、集団行動による利益を増加させることができる（Rudd, 2000）。したがって、本節では先ず信頼関係及び信頼関係と行動との関係について検討を行い、続いて社会的なネットワークと組織の管理制度について検討を行う。

信頼、評判、互酬性

相互の信頼関係（trust）があれば、共同行動に従事する他者を監視する必要がなくなるため、金銭と時間を節約し、取引費用を減らすことができる（Pretty, 2003）。Baland and Platteau（1996）はさらに、相互の信頼関係がなければ個人は集団に協力するよりむしろ、妨害したり、反対したりする可能性があると指摘している。また、彼らは、信頼関係は、長期にわたって協力関係を確立してきた伝統がある社会において比較的成立しやすいと主張している。しかし一方で、彼らは、多くの場合地域社会の外からの「触媒」による衝撃によって信頼関係が成立する可能性があるとも指摘している。

良い評判（reputation）は2つの意味で協力関係の成立に役立つ。第一に、人は自らの社会的評価の維持に気を配っている場合、相互に義務を履行することについてより注意を払う。これはフリーライダー防止の1つの要因になる。Wade（1988）は、人が自らの社会的な評価を気にすればするほど、共同行動が成功するチャンスは高まると主張している。第二に、集団のメンバーが社会的に良い評価を得ている場合は、集団外の個人にとって、新たに集

団に関与し、集団が求める規律を受け入れることが容易になる。逆に、悪い評判を有している場合は協力関係の構築を阻害してしまう。一方、集団のメンバー間の相互信頼関係の構築は、更なる良い評判へと発展していく可能性がある（Ostrom, 1998; Rudd, 2000）。

　互酬性（reciprocity）とは、個人が他者も同じことをすることを期待している場合において、自ら積極的な行動をとることを誘発する一連の規範のことである。このため、互酬性が存在する場合、共同行動をとることが容易になる（Ostrom, 1998）[4]。ある個人が他者を裏切る場合は、他者も同じことをする傾向があるが、人が他者に報いる場合は、他者もまたそうする気持ちになりやすい。人は、自分の行動に対する他者の反応の重要性を理解することができる。このため、互酬性は信頼を深め、長期的な関係を構築するのに貢献することができる（Pretty, 2003）。

　Ostrom（2007）は、評判、信頼、互酬性と協力の関係を**図3.3.**のようにまとめている。集団において、参加者（Pi）が他者を信頼するか否かは、過去の共同行動における他の参加者（Pj…Pn）の互酬性の評判に基づいて決定される。他者が信頼できる評判を得ようと努力すれば、Piは彼らを信頼するようになる。Piが他者を信頼した場合、Piもまた集団のメンバーとして他者に対して報いようとする確率が高まる。これは他の参加者（Pj…Pn）にもあてはまる。その場合、集団の誰もがお互いを信頼し、お互いに報いることができる。評判、信頼、互酬性のこうした繰返しのサイクルは、協力関係をより高いレベルへと導き、共同行動の純利益を増大させることにつながる。これら3つの要因は互いに補強し合うものであり、同様の状況が繰り返されることが協力の推進にとって重要である（Ahn and Ostrom, 2002）。

　多くの事例研究においても、共同行動の成功の主要な要因の1つが信頼であることが指摘されている。「ドンメル渓谷における緩衝帯の戦略的設置」（BEL1）の場合、フランドル地方において、農業業界と環境業界との間で不

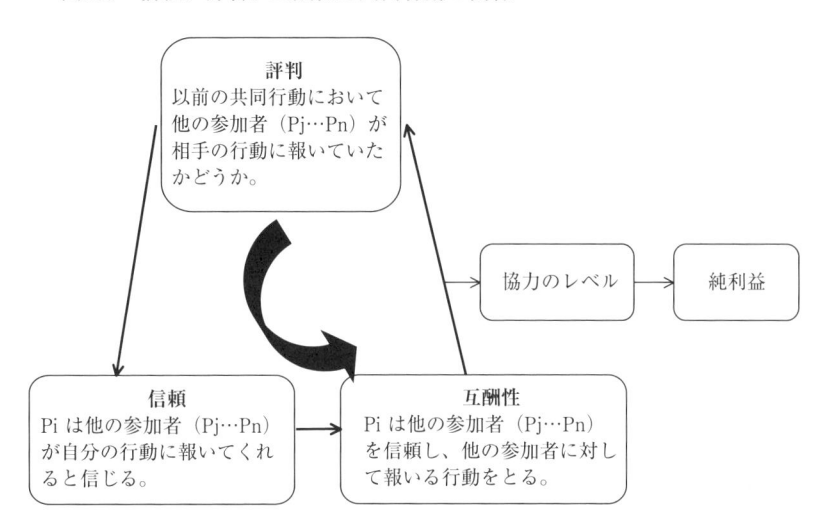

図3.3. 信頼、評判、互酬性と共同行動の関係

```
          評判
    以前の共同行動において
    他の参加者（Pj…Pn）が
    相手の行動に報いていた
    かどうか。
          │  ↑
          ↓  │
   信頼              互酬性          協力のレベル  →  純利益
Pi は他の参加者（Pj…Pn）→ Pi は他の参加者（Pj…Pn）
が自分の行動に報いてくれ    を信頼し、他の参加者に対し
ると信じる。                て報いる行動をとる。
```

出典： Ostrom（2007）から作成。

信の歴史があったため、ドンメル渓谷ウォータリングが中立的な立場で、農家、地域の自然保護団体、その他の参加者との間の信頼関係の構築に努めた。ドンメル渓谷ウォータリングは、農家と接触する際に彼らと同じ目線で考え、また農家特有の言い回しを使用した。ドンメル渓谷ウォータリングはさらに、緩衝帯でどのように植物を組み合わせて植えるべきか、緩衝帯の設置が重要と思われる土地はどこなのか、緩衝帯と既存の自然地域とを結び付けるべき場所はどこなのかといったことに関する助言を地域の自然保護団体に対して求めることにより、同プロジェクトに対する好意的な印象を作り出そうとした。こうした活動を通じ、環境と農業との関係について、農家の間での理解が深まり、地域において良好な雰囲気が醸成されることとなった。「ドイツのランドケア協会」（DEU1）の事例でも、共同行動には様々な集団からい

ろいろな人や代表者が参加していることから、信頼関係の構築が非常に重要となっている。信頼関係を構築するためには、それぞれの利害と地域の知見を尊重し、自発的なアプローチを取り入れることが必要となる。こうした信頼関係に基づいて、ランドケア協会は景観保全対策を実施しており、そうした対策は関係するすべての参加者にとって実用的でかつ受け入れ可能なものとなっている。

ネットワークと組織の管理制度

ネットワークと組織の管理制度はソーシャル・キャピタルの外的な側面である。これにより信頼関係が促進され、社会的交流が刺激される（Dowling and Chin-Fang, 2007）。

ネットワーク

社会、そしてそこから派生する関係やネットワークは、農家の行動と協力のレベルに影響を及ぼす。社会的ネットワークとは、「過去のやり取りや対話の繰返しを通じてかかわった他者との親交によって特徴付けられる一連の関係」である。人は、自分がある取引に関して将来のパートナーとなりうるような人々で構成されている社会的ネットワークの一員となっている場合であって、自らがそのネットワークの人々に信頼されている場合、そのネットワーク内の他者に対してより報いる行動をとろうとする（Ahn and Ostrom, 2002）。したがって、ネットワークは信頼と協力を強化させることができると言える。

今回の事例研究でも、例えば「ピドゥパ（水道事業体）」（BEL2）は、農家との個人的な（インフォーマルな）関係を利用して、組織化された地域ネットワークを構築している。具体的には、ピドゥパはすべての水源地域において、農家だけでなく、自然保護団体や農業者団体、狩猟協会、地方公共団

体、その他の地域組織のボランティアなどの参加者との間で、話し合いの場を作りあげている。こうした話し合いの場は定期的に開催され、農家の活動をモニタリングしている。「トスカーナ州における保全管理」（ITA1）の場合は、Googleマップを基にしたオンライン情報システムを作成し、地域住民も、定期的に現地の河川管理に関するモニタリング活動を行えるようにしようとしている。この取組の結果、社会的ネットワークが構築され、地域の組織、アドバイザー、農家の間で、公式、非公式の意見交換が行われている。これらの取組は、ネットワークの構築と、その構築に伴う定期的な対話が果たす役割の重要性を強く示唆している。

　近隣住民も社会的ネットワークで繋がっている。複数の研究で、近隣住民の参加が農家の自発的な取組に影響を及ぼすことが指摘されている（例えば、White and Runge, 1994; Damianos and Giannakopoulos, 2002）。近隣住民の多くが共同行動に参加している場合、その他の人も参加する傾向がある。しかし、こうした他者についての情報を入手することができないと、人は協力しないようになる（World Bank, 2009）。これは、メンバーがお互いの状況と目的を確認し合うことができる場合に、ネットワークを強化することができることを意味しており、こうした環境は近隣の人間同士の間で最も起こりやすい。近隣住民が参加するか否かについての情報に加え、自らの選択が基準以上であるか以下であるかの情報も重要である。この場合、既に参加している近隣住民が、その基準となりうる。個人は絶対的価値のみならず、相対的な基準を参照しながら意思決定を行うことが知られている（現状維持バイアス）。「ドイツのランドケア協会」（DEU1）の事例は、ランドケアについて懐疑的な農家であっても、農家が運営委員会に参加している場合や、その地域の他の農家の事例が成功している場合は、共同行動に参画する可能性があることを示している。また「ドンメル渓谷における緩衝帯の設置」（BEL1）の事例では、ドンメル渓谷ウォータリングは、他の農家の参考又は手本とな

るような地域のリーダーとなる農家の理解を得ることに努めている。この際、他の農家と良好な関係を有し、他の農家から尊敬され、かつ問題を抱えていない模範的な農家を選ぶことが重要となる。これは共同行動の拡大に有効的である。

「公平」と「公正」も共同作業を進める上で重要な概念である。伝統的な経済学では、個人は、私的な便益が私的な費用を上回るような選択肢を選ぶと仮定している。しかし、共同行動における便益がメンバー間で非常に不均衡に配分されているような場合は、この仮定が成り立たない可能性がある。さらに、各個人の便益が費用を上回る場合でも、特定のメンバーが他者と比較して非常に高い純利益を得るような場合は、参加候補者の中から取引を拒絶する人が出てくる可能性がある。人間はある程度公平、公正であることを期待し、それを要求する傾向がある。協力を行わない者に対する制裁は、当該共同行動が公正であるという認識を広める上で有効となりうる（Alvi, 1998）。規則を策定する際に民主主義的アプローチを取り入れることも、共同行動が公平でかつ公正なものであるということを伝えるのに効果的である。例えば、ヴィッテルと分野横断的な研究チームは、共同行動を立ち上げる際、技術的、経済的に実行可能でかつ農家の戦略に合う解決策を、試行錯誤を繰り返しながら作り上げた（Déprés他, 2008）。この試行錯誤の中で農家は「ルール」作りに参加することができ、それは「手続面での効用」も生み出すこととなった。つまり、農家は実際の結果からだけでなく、そうした結果をもたらした「状況」からも「効用」を得ているのである（Benz他, 2004）。

農業環境政策は、社会的ネットワークを政策対象とすることができる。例えば、日本における「農地・水保全管理支払交付金」（JPN3）は、農地・農業用水等を維持するために地域の既存の活動集団に対して補助金を交付している。この社会的ネットワークには、農家、農業者団体、NGO、地元住民、地域の組織（近隣の協議会、学校等）等が参加している。このプロジェクト

は、農家や農家の組織のみならず、既存の社会的ネットワークを活用することにより、水路等の保全を図っている。

組織の管理制度

個人は、共同行動のための様々な組織の管理制度（合意され「制度化された」規則及び手続）を作り上げることに多くの時間と労力を費やしている。共通する規則があれば、集団の利益が個人の利益を補完することを担保し、公共財に対して投資する上での安心感をもたらすことができる（Pretty, 2003）。規則には正式なものや法令で定められたものがある一方で、暗黙のルールも存在する。暗黙のルールは、人間活動の長い歴史の中で作り出される場合もある。例えば社会的規範や文化は暗黙のルールと言える。Baland and Platteau（1996）によると、十分に確立された社会的規範の下では、人は以下のような傾向を有する。

- 他者の観点を受け入れる。
- 他者も同じ正しい行動規範に従うと確信する。
- その規範に基づいて、利害の不一致やその他の不和の調整を行う。
- 倫理面のルールを逸脱すると後ろめたく感じる。
- フリーライダーが発覚すると、報復し罰を与えたいと感じる。

この通り、組織の管理制度はソーシャル・キャピタルの重要な形態の1つである。これは、個人が他者を裏切ったり、不正を行うことを防ぎ、互酬的な行動を支援するものと言える（Ahn and Ostrom, 2002）したがって、政策を策定する際には組織の管理制度を考慮することが望ましい。例えば、「びわこ流域田園水循環推進事業」（JPN2）では、琵琶湖に流れ込む農業排水を減らすため、既存の組織とその規則を利用して共同行動を行っている。さらに、補助金を交付することにより、複数の土地改良区において水田からの排水の再生利用を促進している。この共同行動における重要問題は、取引費

用を増加させることなく、各土地改良区が組合員農家から同意を得ることができるか否かという点であった。この問題は、土地改良区に開催が義務づけられている年次総会を利用することで解決することができた。こうした制度的なアプローチをとることにより、農家は土地改良区での正式なプロセスを通じて自らの懸念を表明し、また共同行動について同意することも可能となった。

注

1. 本節は *Farmer Behaviour, Agricultural Management and Climate Change*（OECD, 2012）に基づくものである。
2. この「期待効用理論」は、人が不確実な利得の適切な組み合わせに関し一貫した選好を有しているという仮定から導くことができる（Gintis, 2000）。
3. ソーシャル・キャピタルの分類には他の方法もある。例えばいくつかの研究は、ソーシャル・キャピタルには3つの基本的な関係、結合型（bonding）、橋渡し型（bridging）、連結型（linking）があると主張している（OECD, 2001; Pretty, 2003）。結合型は、家族や民族集団のメンバーについてのものであり、同質な集団を形成する。橋渡し型は、遠方の友人、仲間や同僚についてのもので、異なる見解を有する他者との関係を構築する。連結型は、権力、社会的地位、富が違う人々の階層が存在する場合において、この異なる社会階層間の関係に関するものであり、外部機関の関与をもたらすものである。社会的分裂を避けるためには、すべてのタイプのソーシャル・キャピタルが必要とされる（OECD, 2001, 古澤・木南, 2009）。
4. Axelrod（1984）は、コンピュータによるシミュレーションを用いて協力関係についての分析を行い、各個人が定期的に顔を合わせ、将来

の状況を考慮する場合は、互酬性が発展しうることを明らかにした。

参考文献

Ahn, T.K. and E. Ostrom (2002), "Social Capital and the Second-generation Theories of Collective Action: An Analytical Approach to the Forms of Social Capital", Paper prepared for delivery at the 2002 Annual Meeting of the American Political Science Association, Boston, Massachusetts, August 29-September 1, 2002.

Alvi, E. (1998), "Fairness and Self-Interest: An assessment", *Journal of Socio-Economics*, Vol. 27, No. 2.

Axelrod, R. (1984), *The Evolution of Cooperation*, Basic Books, Cambridge MA.

Baland, J.M. and J.P. Platteau (1996), *Halting Degradation of Natural Resources: Is there a Role for Rural Communities?*, FAO (Food and Agriculture Organization of the United Nations), Rome.

Blandford, D. (2010), "Presidential Address: The Visible or Invisible Hand? The Balance between Markets and Regulation in Agricultural Policy," *Journal of Agricultural Economics*, Vol. 61. No 3.

Benz, M., B.S. Frey and A. Stutzer (2004), "Introducing Procedural Utility, not only What but also How Matters", *Journal of Institutional and Theoretical Economics*, Vol. 160, No. 3.

Damianos, D. and N. Giannakopoulos (2002), "Farmers' Participation in Agri- environmental Schemes in Greece", *British Food Journal*, Vol. 104, No. 3/4/5.

Davies, B., K. Blackstock, K. Brown and P. Shannon (2004), *Challenges in Creating Local Agri-environmental Cooperation Action amongst*

Farmers and Other Stakeholders, The Macaulay Institute, *Aberdeen*.

Defra (2008), *Understanding Behaviors in a Farming Context: Bringing Theoretical and Applied Evidence together from Across Defra and Highlighting Policy Relevance and Implications for Future Research*, November 2008, Defra Agricultural Change and Environment Observatory Discussion Paper.

Déprés C, G. Grolleau and N. Mzoughi (2008), "Contracting for Environmental Property Rights: The Case of Vittel", *Economica*, Vol. 75, No. 299.

Dowling, J.M. and Y. Chin-Fang (2007), *Modern Developments in Behavioral Economics: Social Science Perspectives on Choice and Decision*, World Scientific Pub Co Inc.

Ecker, S.L. Thompson, R. Kancans, N. Stenekes, and T. Mallawaarachchi (2012), *Drivers of Practice Change in Land Management in Australian Agriculture*, ABARES report to client prepared for Sustainable Resource Management Division, Department of Agriculture, Fisheries and Forestry, Canberra, December.

Gintis, H. (2000), "Beyond Homo Economicus: Evidence from Experimental Economics", *Ecological Economics*, Vol. 35.

Hepburn, C., S. Duncan and A. Papachristodoulou (2010), "Behavioural Economics, Hyperbolic Discounting and Environmental Policy," *Environmental and Resource Economics*, Vol. 46, No. 2.

Kahneman, D. and A. Tversky (1979), "Prospect Theory: An Analysis of Decision under Risk", *Econometrica*, Vol. 47, No. 2.

Laibson, D. (1997), "Golden Eggs and Hyperbolic Discounting," *Quarterly Journal of Economics*, Vol. 112, No. 2.

Lubell, M., M. Schneider, J.T. Scholz and M. Mete (2002), "Watershed Partnerships and the Emergence of Collective Action Institutions", *American Journal of Political Science*, Vol. 46, No. 1.

OECD (2001), *The Well-being of Nations: the Role of Human and Social Capital*, OECD Publishing, Paris. DOI: 10.1787/9789264189515-en.

OECD (2012), *Farmer Behaviour, Agricultural Management and Climate Change*, OECD publishing, Paris. DOI: 10.1787/9789264167650-en.

Ostrom, E. (1998), "A Behavioral Approach to the Rational choice Theory of Collective Action: Presidential Address, American Political Science Association, 1997", *The American Political Review*, Vol. 92.

Ostrom, E. (2007), "Collective Action Theory", in C. Boix, and S. Stokes (eds.), *The Oxford Handbook of Comparative Politics*, Oxford University Press, Oxford, UK.

Ostrom, E. (2010), "Analyzing Collective Action", *Agricultural Economics*, Vol. 41.

Poe, G.L., N. Bills, B.C. Bellows, P. Crosscombe and R.K. Koelsch (2001), "Will Voluntary and Educational Programs Meet Environmental Objectives: Evidence from a Survey of New York Dairy Farms", *Review of Agricultural Economics*, Vol. 23, No. 2.

Prendergrast, J., B. Foley, V. Menne and A.K. Isaac (2008), *Creatures of Habit? The Art of Behavioural Change*, Social Market Foundation, London. www.smf.co.uk/assets/files/publications/SMF_Creatures_of_Habit.pdf, accessed on 6 March 2012.

Pretty, J. (2003), "Social Capital and the Collective Management of Resources", *Science*, Vol. 302.

Rudd, M. A. (2000), "Live Long and Prosper: Collective Action, Social

Capital and Social Vision," *Ecological Economics*, Vol. 34, No. 234.

Tversky, A. and D. Kahneman (1992), "Advances in Prospect Theory Cumulative Representation of Uncertainty", *Journal of Risk and Uncertainty*, Vol. 5, No. 4.

Wade, R. (1988), *Village Republics: Economic Conditions for Collective Action in South India*, ICS Press, Oakland.

World Bank (2009), *World Development Report 2010: Development and Climate Change*, World Bank.

White, T.A. and C.F. Runge (1994), "Common Property and Collective Action: Lessons from Cooperative Watershed Management in Haiti", *Economic Development and Cultural Change*, Vol. 43, No. 1.

古澤慎一, 木南莉莉 (2009) "農村共有資源の共同管理とソーシャルキャピタルに関する研究", 農村計画学会誌, Vol.28, No.3.

農林水産省 (2007), "農村のソーシャル・キャピタル：豊かな人間関係の維持・再生に向けて", 農村におけるソーシャル・キャピタル研究会, 農林水産省農村振興局, 東京.

第4章

共同行動の促進と政策提言

本章では、様々な農業環境目標の達成を目指して、多様な人々が参加する共同行動に対する政府の支援について考察する。共同行動から生じる便益が費用を上回っているが、障害が大きい場合、公的機関やその他の関係団体からの外的な支援が重要となる。本章ではまず、政府の支援がある場合とない場合の共同行動について分析を行う。次に、共同行動と政策について検討した後、共同行動対策の費用対効果の分析を行う。そして最後に政策提言を行う。

多様な人が共同行動に参加することで、農業環境に関する様々な目標の達成が可能となる。また、そうした共同行動は共有資源の管理だけでなく、公共財とクラブ財の供給や負の外部性の削減にも役に立ちうる。しかし、共同行動を進める上では、複数の阻害要因が存在することが指摘されており、その主なものとしては、フリーライダー問題、取引費用、共同行動に対する懐疑的な姿勢、不確実な政策環境が挙げられる。集団自らがこうした困難を克服するために取りうる手段は様々である。例えば集団は、フリーライダーを防止し、取引費用を削減するために、自ら主体的に地域での規則を定めることができる。しかし、政府の支援が必要とされる場合もある。共同行動から生じる便益が費用を上回っているが、障害が大きい場合、公的機関やその他の関係する団体からの外的な支援が重要となる。

本章では、共同行動に対する政府の支援について検討する。最初に、政府の支援がある場合とない場合の共同行動について分析を行う。次に、共同行動と政策について検討した後、共同行動の費用対効果について論じる。そして最後に政策提言を行う。

4.1. 政府の支援がある場合とない場合の共同行動

共同行動の政策面を考慮する場合、Davies 他（2004）が行っているように、2つのタイプの共同行動、すなわち、①協力型（ボトムアップ方式。農家と農家の共同行動）と②調整型（トップダウン方式。しばしば政府機関が主導する共同行動）に分類することができる。この類型は、他の分類よりも有益である。なぜなら、共同行動には政府による支援が必要ないものもあれば（民－民パートナーシップ）[1]、必要なものもあり、またどのような状況で政府が支援を行うべきかを理解することが重要だからである。

「協力型」が成功するのは、農家を含む民間のパートナーが自力で合意を

形成することができる場合である。これは、共同行動により「パレート改善」を達成できる場合、つまり、誰の状態も悪化させることなく参加者の便益を現状に比べて増加させることができる場合である。あらゆる人にとってのパレート改善を確保するために、変化により便益を得る人から変化により被害を受ける人に対して補償が行われることもある。それでも変化により状況が悪化する人がいる場合は、その人は自ら進んで合意の当事者にはならないかもしれない。このように、実行的な集団を形成し、目的を達成することができる場合は、政府による介入は必要ない。

しかし、参加者が自らの力だけでは合意に達することができない場合の方が多いと思われる。例えば、仮に参加者が目的について合意しても、その目的を達成する手段について合意できないという場合も多く存在する。あるいは、目的と手段について合意することができても、費用が参加者の間で不公平に配分される場合もある。このような場合は、政府等の外部機関が、参加者が解決策を見出すことが出来るよう支援する必要があるかもしれない。ただ、政府による介入が常にトップダウン方式で行われる訳ではない。例えば、農家が知識不足や技術的経験に乏しいことから共同行動に合意することができないような場合、政府がこうした欠けている要素を提供することができることがある。この場合における政府の役割は、共同行動を強制するというものではなく、支援するというものである。一方、情報提供、仲裁、補償がうまく機能しないような場合は、政府が農家に対し共同行動を行うよう強制するか、強く推進するような必要性が生じる場合もあり、このような場合がトップダウン方式による共同行動の事例に当たる。

実際には、共同行動の初期段階における活動のきっかけ、その実施や運営がボトムアップ方式であっても、その後、資金援助等の政府の介入により恩恵を受ける場合もある。また、政府のトップダウン方式で共同行動が開始されるものの、参加者が実際の主導権を握り、活動を主導することもある。さ

らに、政府がトップダウン方式によるアプローチを取るか、ボトムアップ方式によるアプローチを取るべきかは状況により異なるため、どのアプローチがどの事例に適当であるかを理解するには、将来、より体系だった比較研究を行うことが必要となる。今回研究した25のOECDの事例において最も多く見られたケースは、政府による助言や金銭的支援といった非強制的支援を伴うボトムアップ方式による共同行動である。

地方公共団体か国か

共同行動の政策面を分析する際には、国と地方公共団体からの双方の支援について検討する必要がある。共同行動の多くは地域的なものであり、地方公共団体は一般に地域の問題に対して豊富な知識を有している。地方公共団体は、地域の状況に適した専門知識と技術支援を提供することができる。さらに、供給される公共財が地域に便益をもたらす場合は、便益を享受することとなる地方公共団体による資金援助が最も適切なものとなる（OECD, 2006; 2008）。

一方、国の方が地方公共団体以上に資源や財源を提供できるため、国が国家プログラムを通じて共同行動を促進することが必要な場合もある。共同行動が対象とする地域が地方公共団体の境界を大きく越えて広い地域に及ぶような場合や大規模な資源や財源が必要となることが予想されるような場合は、特に国の関与が適切なものとなる。

したがって、共同行動には両方の政府レベルから支援を行うことが可能であり、かつ適切となりうる。それぞれの状況における便益を吟味の上、支援を行う適切な政府関係機関を決定する必要がある。

OECDの事例研究における政府の介入

表4.1.は、これらの2つのポイント（ボトムアップとトップダウン、国と

表4.1. 政府の支援と共同行動の典型的な4つのケース

ボトムアップによる共同行動[1] （協力型）	←——————→	トップダウンによる共同行動 （調整型）
ケース1：政府による介入がないケース	ケース2：地方公共団体[2]が支援を行うケース	
	ケース3：中央政府が支援を行うケース	
	ケース4：中央政府と地方公共団体が支援を行うケース	

1. ボトムアップの共同行動が政府の支援を受ける場合もある。
2. 政府の支援は、技術支援や農業環境支払いを含む資金援助といった取組の円滑化や促進に関するものから、規制といったより強制的な手段に関するものまで多岐にわたっており、こうした支援形態が組み合わされることもある。表4.3を参照。
出典：Davies 他（2004）を基にOECD事務局が作成。

地方公共団体）に基づき、共同行動の典型的な4つのケースを分類したものである。純粋なボトムアップによる共同行動は、どんな政府の介入も含まず、民-民のパートナーシップで構成されている（ケース1）。しかし、共同行動の多くは、ある程度、政府の介入を受け入れている。ただし、政府が介入している場合であっても、共同行動の多くは実質的にボトムアップ方式である。民-民契約の対極には、政府による強制あるいは農家に対し共同行動を強く働きかけるようなトップダウン方式の強制的共同行動のケースが存在する。さらに、政府の支援を伴う共同行動は、支援を行う政府のレベルにより、地方公共団体が支援を行う場合（ケース2）、中央政府が支援を行う場合（ケース3）、中央政府と地方公共団体が支援を行う場合（ケース4）の3つの場合に分類することができる。

表4.2.は、25のOECDの事例を**表4.1.**に示してある類型に基づいて分類したものである。それによると、ほとんどの事例において共同行動は一般的に政府から何らかの支援を受けていることがわかる。実際、政府の支援を全く受けていないのは「カンパニア州のコミュニティガーデン」（ITA2）と「ミネラルウォーター製造業者と農家による水質保全」（FRA1）の2つの事例のみである。「カンパニア州のコミュニティガーデン」（ITA2）では、地域の

第4章 共同行動の促進と政策提言　177

表4.2. 各事例における政府の介入形態

ケース1:政府による介入がないケース	・カンパニア州のコミュニティガーデン（ITA2） ・ミネラルウォーター製造業者と農家による水質保全（FRA1）[2]
ケース2:地方公共団体が支援を行うケース	・魚のゆりかご水田プロジェクト（JPN1） ・びわこ流域田園水循環推進事業（JPN2） ・北オタゴ灌漑会社（NZL3）
ケース3:中央政府[1]が支援を行うケース	・水道事業体と農家による水質管理（BEL2）[3] ・英国南西部における「上流地域考察プロジェクト」（GBR1）[4] ・ゾーネマッド牧畜協会（SWE1）[5] ・持続可能な農業基金（アオレレ集水域プロジェクト）（NZL1）[6]
ケース4:中央政府と地方公共団体が支援を行うケース	・マルグレーブ・ランドケア・キャッチメントグループ（AUS1） ・ホルブルック・ランドケア・ネットワーク（AUS2） ・ドンメル渓谷における緩衝帯の戦略的設置（BEL1） ・サスカチュワン州における農業環境グループ・プラン（CAN1） ・ビーバーヒルズ・イニシアチブ（CAN2） ・ランドケア協会（DEU1） ・ニーダーザクセン州における飲料水の保全協力（DEU2） ・アイダー渓谷の湿地帯復元（DEU3） ・灌漑コミュニティ（ESP1） ・動物保健協会（ESP2） ・ピュハ湖復元プロジェクト（FIN1） ・トスカーナ州における保全管理（ITA1） ・アオスタ渓谷における山間牧草地の管理（ITA3） ・農地・水保全管理支払交付金（JPN3） ・水・土地・堤防協会（NLD1） ・東海岸林業プロジェクト（NZL2）

1. EUの政策は中央政府による支援に分類している。EUの政策は農家の共同行動への参加を促進しているが、EU自身は直接的には共同行動に参加しない。
2. 間接的な政府の関与が存在する。例えばヴィッテル地域は、土地統合管理プログラムによる支援を受けており、当該プログラムにより、対象地域の土地の再編促進支援及び集約農業に由来する非特定汚染源からの汚染を抑制するための農法の変更支援などを受けていた。しかし、ミネラルウォーター製造業者と農家の間の契約は私的契約となっている。
3. 農家との協力を行う水道事業体を直接的に支援する政策は存在しないが、フランドル地域の行政担当者はピドゥパが立ち上げた地域のネットワークに参加して技術支援を行っている。
4. 政府は環境庁を通じて技術支援を行っているが、直接的な資金援助は行っていない。
5. 一般的な農業環境支払い（EU農村開発プログラム）を受け取っているが、当該補助金は、個人、集団のいずれにも交付可能なものであり、特に共同行動の促進を目的としたものではない。
6. 持続可能な農業基金プロジェクトには地方公共団体から支援を受けているものもあるが、すべてのプロジェクトが支援を受けている訳ではない。

NGOが「エコ考古学パーク」と呼ばれるプロジェクトのコーディネートを行っており、荒廃しつつある遺跡を、地元住民等の会員が野菜を栽培したり農村景観、生態系サービスといった環境便益を生み出したり、社会的関係を構築したりすることができる共用の緑地スペースに転換している。これはクラブ財の例であり、地域のNGOは会員である地元住民に農業をする機会を提供し、メンバーはそのサービスに対して料金を支払っている。「ミネラルウォーター製造業者と農家による水質保全」(FRA1) では、ヴィッテルの水源地域で活動する農家の集団が、集約農業による非特定汚染源由来の汚染を減少させるために農法を変更している。また、ヴィッテルは農家と協力して、水質改善のために必要なあらゆる側面に対応することができる、工夫を凝らしたインセンティブパッケージを作り上げている。これは民間による水質改善に関する取組の例である[2]。しかし一般的には、地方公共団体と国が協力して支援を行っている事例が多い。農家は多くの場合、共同行動を展開するための資金、科学的知識、技術情報を有していない。したがって、共同行動に関連する便益がその費用を上回る場合は、政府の支援が重要な役割を果たすこととなる。

4.2. 共同行動と政策

　政府は、共同行動を促進するために様々な対策を講じている。集団のメンバーとして共同行動に参加し、データ提供等の技術支援や資金援助を行うこともある。例えば、「ビーバーヒルズ・イニチアチブ」(CAN2) の場合は、地方公共団体、州政府、連邦政府のすべてが参加し、資金援助、技術支援の双方を行っている。あるいは、政府は、集団のメンバー以外の立場として、資金提供などのプログラムを通じて、地域の又は全国的なレベルの共同行動の促進を図ることもある。例えば「持続可能な農業基金」(NZL1) は、ニュ

表4.3. 政策と共同行動の類型

政府による参加の方法	ボトムアップによる共同行動 （協力型）		トップダウンによる共同行動 （調整型）	
	不介入	促進	資金援助	強制
政策の例	-	技術支援	農業環境支払い	規制
事例名	ITA2; FRA1	BEL2; GBR1	その他[1]	—[2]

1. ほとんどの事例で、政府は技術支援と農業環境支払いの両方を行っている。こうした事例における政府の介入の程度は、取組の円滑化や金銭的インセンティブの提供から、より規則的な手段まで様々である。
2. 25の事例には規制による強制の例は含まれていないが、そうした事例も存在する。例えば日本の渇水対策委員会は、土地改良区に対して渇水時に水の使用制限を要請する。この場合、土地改良区の組合員農家には共同行動をとる以外の選択肢はない（Shobayashi他, 2011）。

出典：OECD（1998）及びDavies他（2004）を基にOECD事務局が作成。

ージーランド全土を対象とする資金提供プログラムであり、農家、生産者、林業従事者が主導する草の根運動を支援している。政府は、特定の共同行動のための対策を講じて支援することもあれば、より一般的なプログラムによって複数の共同行動を支援することもある。Polman他（2010）は、いずれの選択肢が採られる場合でも、政府は共同行動を効果的に促進することができると主張している。

一般に、国は集団の外から支援を行うが、地方公共団体は集団に参加し、農家と協力して共同行動を展開する。どちらの場合も、共同行動に対する政府の政策[3]は、技術支援等の促進策や農業環境支払い等の金銭的支援から、関連規制の制定のような強制的な対策まで様々である[4]。共同行動は、このような実施されている政策の区分に基づいてさらに分類することができる（表4.3.）。実際には、こうした技術支援、農業環境支払い等の対策が同時に実施されることが少なくない。したがって、表4.3.の類型は非常に単純化したものである。

表4.3.は、25のOECDの事例中23の事例において、政府が共同行動に対し

て少なくともなんらかの支援を行っていることを示している。そのうち、資金援助が行われている事例は21件である。つまり、多くの事例において技術支援と資金援助の双方が実施されている。本節では技術支援と資金援助について論じる。

技術支援

共同行動にとって政府からの技術支援は重要である。農家は資源の管理について常に十分な科学的知識を有している訳ではないため、具体的な専門知識を欠いているような場合は、政府のサービス機関や研究部門の外部専門家等が農家に対して技術支援を行う必要がある。技術支援により調査費用、交渉費用、モニタリング及び実施費用といった取引費用を削減することが可能である。例えば、調査費用は、地域の行政機関が、地域の参加候補者を見つけ出すのに役に立つ情報を提供することにより、削減することができる（Hodge and McNally, 2000; Mills他, 2010）。同様に、交渉費用は、契約のための共通の様式を作成することで削減できる。Baland and Platteau（1996）は、共有資源を管理するためのガイドラインとして、政府が共同行動に関する基本的な権利、規則、目的に関する枠組みを率先して定めるべきであると主張している[5]。モニタリング及び実施費用についても、政府がデータの提供とモニタリング自体を支援することにより削減することができる。一般に、こうしたタイプの技術支援は、農家の参加意欲と行動の成果に影響を及ぼす。

共同行動への資金援助は広く行われているが、政府が技術支援のみを提供して資金援助を行わなかった事例が2つ存在する。「水道事業体と農家による水質管理」（BEL2）と「英国南西部における上流地域考察プロジェクト」（GBR1）である（**表4.3.**を参照）。2つの事例とも、農家は水道事業体（BEL2はピドゥパ、GBR1はサウスウェスト・ウォーター）と協力し、水道事業体は、農家が水質保全のために農法を変更することに対して金銭を支払っている。

これらの事例において共同行動を可能にしているのは、水道事業体からの金銭的補償である。

こうした場合でも、水に関する専門知識を欠く農家と農業に詳しくない水道事業体の間のギャップを埋めるために、政府による支援が必要な場合がある。例えば「英国南西部における上流地域考察プロジェクト」（GBR1）では、英国政府が環境庁を通じて技術支援を行っている。環境庁は水質その他の環境指標の定期的なモニタリングを行い、サウスウェスト・ウォーターにそのデータを提供している。

政府はまた、メンバー間の相互理解を促進するとともに、政策に関する情報を提供することもできる。例えば「水道事業体と農家による水質管理」（BEL2）では、ピドゥパが設立した地域のネットワークにフランドル地方の行政担当者が参加している。彼らは地域の対立を解消するための支援を行うとともに、ピドゥパの方針と政府関係機関の政策や指針とが整合的であるよう調整している。この他、フランドル土地協会も農家とピドゥパの利用者契約の作成を支援している。

事例研究において、技術支援として行われている主な内容には以下のものが含まれているが、実際に行われている技術支援の内容はこれらだけではない。

- データの提供
- 科学的及び経済学的研究の支援
- 農地に関する情報の提供、農作業計画と実施に関する助言及び援助
- 共同行動のためのガイドラインの作成
- 適正農業管理に関する情報の普及
- 紛争解決サービスの提供
- 農家、地域住民や子供に対する教育
- 環境面の意識を高めるための外部向けイベントの開催

資金援助

一般的な農業環境支払いと共同行動に特化した資金提供プログラム

　政府による資金援助は、一般的な農業環境政策、あるいは共同行動を促進するための特別の対策のいずれかを通じて行われる。一般的な農業環境政策は、単独行動か共同行動か、どちらの行動によって目標を達成すべきかを指定しない場合があり、その対象が農家の単独行動でなければならないという具体的な限定がない限り、共同行動の促進にも利用することができる。現に、「ドンメル渓谷における緩衝帯の設置」（BEL1）や「ゾーネ湿地帯での生物多様性と文化遺産の保全」（SWE1）等のいくつかのOECDの事例では、EUの共通農業政策のうち第2の柱（農村振興政策）の資金を活用して、共同行動への支援を行っている。これらの場合、農家やその他の参加者は一般的な農業環境支払いを利用して、個々の農家の農地の境界を越えて農業環境公共財を共同で供給している。しかし、一般的な農業環境政策は個人に利用されることの方が多い。というのも、農家は通常、個人で補助金を受けることができる場合、目標を達成するために共同行動をあえて立ち上げようとする動機を持たないからである。

　したがって、農業環境問題に集団的に取り組む方が望ましい場合（例えば、個々の農家の農地を越えて広範囲に影響を及ぼす外部性や農業関連の閾値付公共財に対処する場合）は、共同行動を対象とする特別の対策を講じるべきである。今回のOECDの事例研究でも、そのような事例が複数みられる。オーストラリアとドイツの「ランドケア協会」（AUS1、AUS2、DEU1）に関する政府のプログラムは、地域の農業関連の環境問題を取り扱う共同行動を特に対象とした政策である。オーストラリアでは農家の約40%がランドケアに関与しており、国全体で6千以上のランドケア団体が存在する（Green, 2011）。ドイツでは、最初のランドケア協会が1985年にバイエルン州で設立

された。これまでに地方レベルで約155の地域ランドケア協会が設立されており、3千以上の地方公共団体、1千以上の組織、2万名以上の農家会員が存在する。ニュージーランドの「持続可能な農業基金」（NZL1）も、持続可能な土地管理、革新的な生産システム、人材能力開発などの「コミュニティの関心事項」に対処するための共同行動を支援するものとなっている。2010年現在、持続可能な農業基金は700プロジェクト、1億ニュージーランドドルの投資を行っている（MAF, 2010）。日本における「農地・水保全管理支払交付金」（JPN3）も、農家、非農家、農業団体、非営利組織がその目標を達成することができるよう、共同行動に対象を限定して制度設計を行っている。2011年時点で、約2万の地域活動組織がこの制度の下で活動を行い、取組面積は140万ヘクタール（農業振興地域内の対象農用地面積の35％）となっている（農林水産省, 2012）。

　こうした国家プログラムに加え、地方公共団体も地域の共同行動を促進している。その一例は、ドイツ連邦共和国ニーダーザクセン州の指定地域における飲料水保全のための「協力モデル」である（DEU2）。ニーダーザクセン州政府は、飲料水の水質の維持、回復のために農家の集団と水道事業体とのパートナーシップに対して資金を提供している。2009年時点で、370の飲料水水源地区でパートナーシップが設立され、303,778ヘクタールの耕地面積（ニーダーザクセン州の農地全体の11.7％）を対象に取組を展開している。飲料水の保全地域に指定された地区には、約10,900名の農家が土地を所有しており、1指定地域あたり約65名の農家が存在する。「滋賀県における生物多様性保全プログラム」（JPN1）も、地域の共同行動を直接資金援助しているプログラムの例である。現在、32の集団が計117ヘクタールを対象に活動している。1集団あたりの対象面積は4ヘクタール、農家数は約13名である。

初期費用と運営経費に対する資金援助

初期費用には、投資費用と、調査費用や交渉費用といった取引費用のうち前払費用が含まれる。初期費用が低額である場合、共同行動は政府からの資金援助がなくても開始されうる。しかし初期費用が高額である場合、政府等の外部機関からの資金援助がないと共同行動を始めることができない可能性が高い。これまでの研究では、単独行動に比べ取引費用が高額となることから、特に初期の段階における共同行動のための資金援助の重要性が指摘されている（Mills 他, 2010）。

OECDの複数の事例でも、初期費用をカバーするため政府から資金援助が行われている。例えば、サスカチュワン州における「農業環境グループ・プラン」（CAN1）に参加する農家は、環境にやさしい農法を導入する場合、同州の農場管理プログラムを利用することができる。このグループ・プランは、ある流域や帯水層等の地域内の問題に対応するためのものであり、流域問題に関する関心を高め、域内の環境目標を達成するための機会を農家に提供している。このプログラムの最大支援額は各農家あたり5万カナダドルであり、「成長に向けた前進（Growing Forward）」（2008 〜 2013）と呼ばれるカナダ政府の現行の政策枠組みの下、5年間にわたって支給される。このプログラムの財源は3つあり、生産者自らが導入する農法の種類に応じて30 〜 75%を自己負担し、残りの部分を連邦政府と州政府でそれぞれ60%、40%ずつ負担している。この補助金は、環境にやさしい農法を導入する際に農家が負担することとなる初期費用の負担軽減を図ることを目的としたものとなっている。ニュージーランドの「持続可能な農業基金」（NZL1）も初期費用を対象としている。これは草の根運動に資金援助を行うもので、農家、生産者、林業従事者によるイノベーション、研究、その他の環境プロジェクトを支援するものである。持続可能な農業基金からの1つのプロジェクトに対す

る最大投資額は、年20万ニュージーランドドルで、支援期間は3年間となっている。しかし、持続可能な農業基金はプロジェクトの全額を支援するのではなく、政府以外の主体が最低20%の資金提供を行っていることが受給要件となっている。持続可能な農業基金は、共同行動プロジェクトに伴い発生する費用に対してのみ資金を提供し、通常の営農活動費等は支援対象としていない。多くの持続可能な農業基金プロジェクトでは、申請団体自らが多額の現金と現物供与を行っている。

　一方、運営経費に対する資金援助は、共同行動の関連費用が、農家に対する直接的な便益を上回っているが（そのため農家自ら行動しない）、社会全体に対する便益を下回っている（そのため共同行動が社会に便益をもたらす）場合に正当化される。こうした状態は容易に生じうる。農業環境公共財は市場でほとんど取引することができないため、農家は公共財を供給することによる報酬を受け取ることができない。このため、農家は、たとえ地域住民やさらに遠方の人から高い評価を受ける財であったとしても、こうした財を自発的に供給する経済的動機がほとんどない。したがって、このような場合には政府が運営経費に対する支援を行う必要が生じうる。また、資金援助は継続的に生じる取引費用の問題解決にも役立つ（Lubell他, 2002）。加えて、公共財を供給する農家に対価を支払うことは、「社会的起業家」を生み出すことにもつながる。彼らは地域の共同行動に自発的に参加し、そして、対価の支払いは、このような参加を後押しすることにもつながる（Hodge and Reader, 2007）。このように、共同行動の活性化を図るためには農家の自発的な貢献が重要となることから、このような取組をいかにして維持・継続していくかが課題となる。また、コーディネーターは、共同行動を運営する上で重要な役割を果たすことから、共同行動の継続性は彼らの給与を賄うことができる安定した資金財源を確保できるかどうかが鍵を握っている。以上のような人件費を含む運営経費に対する資金援助の代替案としては、コーディ

ネーターをNGOや地方公共団体のスタッフが務めるという参加者による現物供与の形式が考えられる（「サスカチュワン州における農業環境グループプラン（CAN1）及びアオレレ集水域プロジェクト」（NZL1）を参照）。

　政府が初期費用、さらに運営経費への資金援助を行うか否かにかかわらず、政府は共同行動の継続性に留意しなければならない。例えば、「ホルブルック・ランドケア・ネットワーク」（AUS2）を運営する集団の幹部は、最長でわずか３年間しか支給されない政府及び産業界からの補助金や、支援を継続して受けるために必要となる再申請及び認可プロセスの高い競争倍率が、特に基本スタッフの人件費と一般管理費をどのように工面するのかに関して不安をもたらしていると指摘している。政府は資金提供を行う際、環境面での成果に基づいて資金援助を行うことと、集団の継続性及び安定性を確保することの、両者の均衡点を見い出さなくてはならない。

資金援助と農業環境公共財の特徴

　共同行動により供給される財の性質によって政府の関与の程度も異なる。農業が供給する様々な農業環境公共財の根本的な問題は、誰が供給費用を負担するかということである。クラブ財（「北オタゴ灌漑会社」（NZL3）、「動物保健協会」（ESP2）等）の場合は、クラブの会員がクラブ財の供給費用を分担する。ただし、例えば新しい農業水利施設を構築するための投資（NZL3）など初期投資の費用がかさむ場合や、クラブの会員がクラブ財を供給するだけでなく、クラブ財に関連する正の外部性を生み出し、クラブ会員以外の主体もその便益を享受することができる場合（例えば、動物の疾病防止（ESP2）等）は、政府の支援によりクラブのこうした取組を補完することができる。

　一方、純粋公共財と共有資源は、定義上、「非排除性」を有している。すなわち、誰もが同時にそれらの便益を享受することが可能となっている。この非排除性の存在により、費用を負担せずに便益を享受する者を排除するこ

とが困難となり、フリーライダーの問題や共有資源の過剰利用といった問題が生じることとなる。排除の実施が難しいため、こうしたサービスの受益者に供給費用の負担を求めることについても困難が伴う。しかしいくつかの共同行動の事例では、サービスの受益者に供給費用の一部を負担させることに成功している。

　どういった場合に受益者が供給費用を負担できるかについて分析を行うにあたり、公共財により供給される価値を利用価値と非利用価値に分類することが有益となる。利用価値があれば、こうした財には利用者が存在すると考えられる。このため、供給される財の費用を利用者に負担してもらう仕組みを作ることができれば、政府ではなく利用者が何がしかの費用負担を行うことが可能であると考えられる。事例研究で明らかとなった例の1つは、水道事業体と農家による水質管理に関するものである。水質保全は公共財であり、非排除性と非競合性を有している。しかし、水道事業体と農家との間の契約制度を構築することにより、水質保全についての取引システムを構築することができる場合もある。例えば「水道事業体と農家による水質管理」(BEL2)、「ミネラルウォーター製造業者と農家による水質保全」(FRA1)、「英国南西部における上流地域考察プロジェクト」(GBR1) では、水道事業体（水質の受益者）が、農家が水質改善を行う際に発生する費用を負担している。これらは「受益者負担の原則」の例である（OECD, 1996）[6]。勿論、水道事業体はこのサービスの唯一の受益者ではないが、この水質が改善された水を飲むことで水質改善の便益を享受しているすべての一般人を代表することができる[7]。したがって、公共財や共有資源の利用価値に対して利用者が料金を支払うような仕組みを立ち上げることが可能な場合には、これら3つのOECDの事例のように、政府が資金援助を行う必要はなくなる。

　一方、公共財の非利用価値については、農業環境公共財の供給費用を受益者に負担させることは困難である。それは、このタイプの公共財の受益者は

より広範にわたっており、受益者集団の境界が明確ではないためである。そうした受益者の一部に供給費用を負担させようとしても、誰を対象とすべきかを決めるのは難しい。このため、納税者に供給費用を負担させることで政府が資金を提供しなければならない場合がある。しかしそうした場合であっても、共同行動の参加者が共同行動に対して資金提供を含む様々な貢献をしていることに留意しなければならない。これは、共同行動をとることを通じて、環境保全活動に全員ではないものの一部の受益者を関与させることができるからであり、またその価値が非利用価値であっても、農業環境公共財の供給に貢献するよう要請することが可能となるからである。より広範な集団を取り込み、彼らに現物供与や資金援助をするよう要請することにより、公共財の供給を促進するとともに政府の負担を軽減することができる。

　本書では、共同行動が「閾値付公共財」あるいは「非線形型公共財」の供給にも有効であることを明らかにした。こうした公共財には最小限度の供給量の確保が必要であり、この閾値を超えて初めてある一定の規模での公共財の生産が可能となる。共同行動は、公共財の供給量がこの閾値を超える上で重要な役割を果たすことができる。

　しかし、適切な政府の政策（規制、支払い、税金、技術支援等）やアプローチ（単独行動を対象とするか、共同行動を対象とするか）は、資源の問題や農業環境公共財の性質（生物多様性、水質等）とその価値（利用価値と非利用価値）に応じて異なる可能性がある。本書は共同行動の役割についてのみ分析しており、この点に関して更なる結論を導き出すには不十分である。したがって、この点についてさらに検討を行うためには、共同行動に関する政策のみならず、OECD加盟国で実施されている様々な農業環境政策を比較し、農業環境公共財それぞれについて、そうした政策が果たす役割を分析する必要がある。この点は将来の研究においてさらに検討されるべきである。

資金援助と技術支援の戦略的組み合わせ

　今回調査した事例の中には、政府が共同行動に対して資金援助と技術支援の両方を行っているものもある。例えば「アオスタ渓谷の山間牧草地の管理」（ITA3）の場合、地方公共団体は、草地の適切な管理を図るために多くの法律を制定するとともに、農家による牧草地の集団的管理に必要な資金援助を行っている。こうした地域の法律は、農家が夏季の間に、他の農家が所有する高山地域にある牧草地を共同利用することを容易にするためのものである。地域の法律的支援と資金援助があいまって、農家は牛を農地間で移動させ、牧草地を集団で管理し、伝統的かつ粗放的な家畜の飼育システムを維持することができているのである。「魚のゆりかご水田プロジェクト」（JPN1）の場合は、滋賀県は農家に農業環境支払いを交付するとともに、集落営農組織を立ち上げるために、多くの農業改良普及事業を行っている。また、滋賀県では当該政策を実施するための人材を相当程度確保し、各地域において集団が形成されるよう支援している。

　共同行動を対象とした政府の資金援助がある場合でも、それが有効に利用されていない事例もある。Harris-Adams他（2012）は、オーストラリアの農家が政府の資金援助プログラムを利用しない理由を調査したところ、農家の23%は資金援助プログラムを利用できることを知らなかったために、22%は複雑な申請プロセスのために、13%は申請プロセスに時間がかかりすぎるために、それぞれプログラムに申請しなかったことを明らかにした。つまり、農家の間での制度についての認知度を高めるとともに、彼らのプログラム申請手続きを支援することが農家の取組を支援する上で重要となるのである。また、Ecker他（2012）は、オーストラリアの農家が営農方法を見直す理由について調査したところ、ランドケアグループや農業者団体、政府の農業改良普及員などの支援組織が、天然資源の管理に関する支援を行う場合に、農

家は新たな農業管理手法を取り入れる傾向があることを明らかにした。これらの結果は、政府がプログラムを開発するだけではその効果を十分上げることができない可能性を示している。政府は新たなプログラムを策定すること自体を目標とする傾向があるが、重要なのは、農業環境公共財の供給を確保するという真の目標を達成するため、農業者団体、地域社会といった既存の社会的ネットワークと連携しながら、農業改良普及サービス等の技術支援と資金援助プログラムの両方を戦略的に組み合わせて実行することである。

4.3. 共同行動の費用対効果

　農業環境に関する政策は費用対効果が高いものでなければならない。つまり、環境目標が設定されたら、それを最も低コストで達成することが求められる。共同行動は個々の農家の農地レベルを越えた地域を対象としているため、費用対効果は対象となる地域レベル単位で検討されなければならない（OECD, 2010b）。

　多くの事例研究が示しているように、農村景観や生物多様性、水質といった農業環境公共財は1人の農家の力だけでは供給することができない場合があり、有効な供給のためには適切な規模の確保が必要となる。そのため、多くの農家とその他の参加者が行動に参加し、複数（できれば近隣）の農地を供給スキームに組み込むことが必要となる。これによって、効果を望ましい規模で発揮することが可能となる（OECD, 2012）。一般に、環境目標が「ランドスケープ・ベース」や流域レベルで設定されている場合、関係者が参加する共同行動が、目標を達成するためのより良いアプローチとなる。例えば、野鳥の保護のために草地の利用状況を詳細に調整し、保護対象地域を絞ったアプ

表 4.4.　ヴィッテルが検討した水源保全のための代替手段

選択肢	実現可能性
1. 何もしない。	リスクが大き過ぎ、事業部の閉鎖に追い込まれる可能性がある。
2. 法的措置をとり、農家の農法を変更させる。	農家側の責任が立証されていない。ヴィッテルの抱える問題が公表され、評判に悪影響が及ぶリスクがある。
3. 活動地域を変更し、新たに汚染されていない水源地を選ぶ。	特別な立地とそれに関連するプレミアム価格、そしてヴィッテルのブランド名を失う。
4. 水源地域周辺のすべての土地を購入する（疑似併合）。	規制障壁の存在。また余りに多くの農地を非農家が購入した場合の強い反発（水源地域の45%を取得）。
5. 農家達と契約を締結する	選択肢の1つであり続けているが、農家の利益とヴィッテルの利益を同時に実現する必要がある。

ローチを取り入れることは、農家による単独の取組や一般的なアプローチと比べてより野鳥保護に効果的であるとされている（Oerlemans他, 2007）。さらに、共同行動は「規模の経済」と「範囲の経済」を有しており、それにより、農業環境公共財の供給費用を軽減することができる。また、共同行動は、公共財を供給するために様々な人を巻き込み、異なる技能を持ちよることにより彼らの有する資源を共有することができる。しかし、共同行動で発生する追加的な取引費用が、こうした経済性により削減される費用を上回る場合、「費用対効果は高くない」と考えられる。

　多くの公共財の供給に関して、単独行動と比べた場合の共同行動の費用対効果を証明するものは存在しない。証拠がないのは、農業環境政策と農業環境プログラムのほとんど全てについて言えることである。共同行動やその他の政策アプローチの効果についての研究が更に必要であるが、今回調査した事例のうちいくつかは、そうした共同行動の費用対効果の調査を試みている。例えば「ミネラルウォーター製造業者（ヴィッテル）と農家による水質保全」（FRA1）の事例では、ヴィッテルは、水質改善を図るための他のアプローチと共同行動を比較することにより、共同行動の費用対効果を検証している。

ヴィッテルは、水質改善を図るため、複数の戦略を考案し、これらを同時に試行している（表4.4.）。このアプローチを通じて、ヴィッテルは様々な試行錯誤を繰り返して経験を積み、最終判断を遅らせ、それまでのやり方を見直し、改善策を講じることができた（Barbier and Chia, 2001; Déprés他, 2008）。試行錯誤の結果、ヴィッテルは共同行動をとること、すなわちヴィッテルの水源地域周辺で農作業をする農家の集団と契約を締結した。この契約の締結に係る総費用と総利益についての正確な見積りを出すことは難しいが、この契約は両当事者にとって有益なものであったと言える（Déprés他, 2008）。

　事例研究の中には、共同行動の有効性を定量的に示すデータを有しているものもある。例えば、スペインにおける「動物保健協会」（ESP2）の場合、畜産農家が動物保健協会を結成し、会員の全農場において共通の動物健康プログラムを実施することを目指している。動物保健協会による活動の成果として、複数の動物疾病の流行がここ10年間で大幅に減少している（例えばブルセラ症に感染した羊とヤギの割合は、2002年の8％から2010年には1％にまで減少した（EFSA, 2011））。「アオレレ集水域プロジェクト」（NZL1）では、共同行動により水質が劇的に改善した。2002年にはアオレレ川河口付近のムール貝の養殖場における水揚げは、漁獲可能日のうちわずか28%であったが、アオレレ集水域における酪農家による3年間の水質改善プロジェクトの後は、2009年にその割合が79%まで高まった。これらの数字は、共同行動を通じて農業環境公共財を効果的に供給し、負の外部性を削減することができたことを示している。しかしより一般的に、共同行動の有効性に関して、更に確実な科学的指標が求められている。また、目的を達成するための行動が「効率的」であることは、費用対効果が高いための必要条件であるが、それは最初のステップに過ぎず、十分条件ではないことにも留意しなければならない。費用対効果が高い政策とは、「最も低コスト」で目標を達成する政策である。

　政策設計を工夫することにより共同行動の費用対効果を高めることもでき

る。オーストラリアの「ランドケアプログラム」（AUS1及びAUS2）では、自ら多くの財を投入しているランドケアグループからの補助金申請に、優先権が与えられている。多くの場合、作業は私有地である多数の農地にまたがり、公共財と私的財の両方の財が生産されている。そのうちのいくつかは域外に便益をもたらしている。グループのメンバー自身がこれらの財の受益者であることから、これらの受益者は、労働力、技術や機器の提供等の現物供与を通じて共同行動に貢献することが期待されている。こうした事態は当該プログラムの費用対効果を高める要因となっている。様々な推計額が存在するが、2007年のランドケアプログラムの評価結果によると、プログラムへの資金援助1オーストラリアドルにつき、プロジェクトの申請者による貢献は1.8オーストラリアドルに及ぶと見積もられている（Hyndman他, 2007）。このように、複数の受益者に費用を負担させる仕組みを組み込むことができれば、政府のプログラムの費用対効果を高めることができる。

4.4. 政策提言

本書は、共同行動が農業環境公共財の供給と負の外部性の削減に有効であることを示している。また、本書により、単独行動と比べて、共同行動にはいくつかのメリットが存在することが明らかとなった。

第一に、共同行動は、法律上、行政上の境界を越え、個々の農家による、地理的、生態学的に適切な規模での資源管理や農作業を可能にする。また、社会に便益をもたらすためには最低限の供給量が必要となる閾値付公共財を供給する際にも有効となる。

第二に、共同行動は「規模の経済」と「範囲の経済」を有しており、農家が個別に供給する場合と比べて農業環境公共財を低コストで供給することができる。地域自ら共同行動を設計し、実施している場合には、環境保全のた

めに求められる農法を、地域の条件に最も適したものへと修正することができ、費用を削減することもできる。

　第三に、共同行動はメンバー間の知識の共有を促し、彼らの技術や能力を向上させることができる。その結果、個人が個別に行動する場合よりも、集団としてより大きな資源や能力を共有し、共同でプロジェクトを実施することが可能となる。例えば共同行動では、適切な政策の策定に求められる効果的な空間データ管理システムの共有、運営を行うことが可能となる場合がある。

　第四に、共同行動は、柔軟な形態をとることができ、メンバーも様々な知識とスキルを有していることから、国や個人では必ずしも適切に対処できない地域の問題にも取り組むことができる。共同行動は、様々な環境課題別に、これらの課題に対処する上で重要となる地域を特定し、農家、土地所有者、環境保護団体、地方公共団体に対して互いに協力して問題に対処する機会を提供することができる。

　今回分析した複数の事例（「スペインの動物保健協会」（ESP2）、「ミネラルウォーター製造業者と農家による水質保全」（FRA1）、「アオレレ集水域プロジェクト」（NZL1）等）が示しているように、共同行動はこれらの長所を備えているため、農業による様々な農業環境公共財を供給する上で効果的なアプローチであると言える。

　農家は政府の支援がなくても自発的に共同行動を開始することがある。農家が共同行動から受ける便益が、共同行動に伴い発生する費用を上回っている場合、農家は周辺住民やその他の主体と協力して農業環境公共財の供給に着手するかもしれない。しかし、フリーライダーの問題、高額な初期段階での取引費用、共同行動への消極的姿勢、不確実な政策環境等の阻害要因によって、共同行動の自発的な発展が妨げられることがある。農家はこうした困難を自ら克服すべきであるが、場合によっては、外部からの科学的知識、技

術情報の提供、資金援助といった支援が必要となることがある。農家が自ら共同行動をとることができない場合であって、共同行動から生じる総便益が総費用を上回っている場合は、政府の支援により共同行動を促進することができる。

場合によっては、政府が、個人の単独行動を対象とする一般的な政策オプションの代わりに、共同行動を特に促進するための政策を実施する方が効果的なこともある。政府は、個々の農家ではコントロールできない地域の農業環境問題に取り組む際には、共同行動を促進する政策を検討すべきである。共同行動は、その他の政策よりも、地域の問題に対する解決策を容易に提供することができる。また、共同行動は、特に環境便益や損害についての取引システムを新たに構築する場合などと比べて、取引費用を低く抑えることができる。共同行動は、様々な人が有する資源や能力の相乗効果を生み出すことが求められる場合や、個人が単独で行動しても適切に対処することができないような複雑かつ多面的な問題に取り組むことが必要な場合に有効となる。

本書の結果に基づき、以下の8つの政策提言を行う。

共同行動を促進する政策は、政策設計の段階で真剣に検討されるべきである。

- 共同行動は、個々の農家の能力を超えるような外部性に対して対応する際に効果的であり、農業環境を改善する際の鍵となるものである。しかし、農業環境公共財を供給する共同行動を促進することを主目的とした農業環境政策はあまり存在しない。政府の政策は共同行動をさらに促進すべきであり、農家が自発的に共同行動をとることができない場合であって、共同行動から生じる便益が費用を上回っている場合は、個々の農家の農地を越えて拡大する外部性に対処する政策や農業関係の閾値付公共財を取り扱う政策などの共同行動対策を講じ、共同行動を強力に促進すべきである。

共同行動の促進には包括的なアプローチが必要である。
- 農家の行動は外部要因（金銭面及び労力面の便益と費用）のみならず、内部要因（慣習及び認知のプロセス）や社会的要因（社会的規範及び文化的態度）にも左右される。人の態度と動機の形成には、伝統的な金銭的インセンティブや罰則に加え、助言システムの存在、農業技術の普及、イノベーションによる成果の普及、トレーニングの実施、社会的ネットワークの存在も重要な役割を果たす。
- 簡潔で直観的なメッセージを用いたキャンペーンの実施や、政策オプションを慎重に選ぶことも重要である。目標と計画が一貫している政策介入は、断片的かつ一過性の措置よりも、農業環境目標を達成する上でより大きな成果を生み出すことができる。共同行動の促進には、資金援助と技術支援を戦略的に組み合わせた包括的なアプローチが必要である。

初期段階での支援、特に資金援助が重要である。
- 共同行動では、特に初期段階で新たな取引費用が発生するが、こうした取引費用は共同行動の展開を妨げるものとなりうる。新たに設立された組織や農家の資金基盤はいずれも脆弱であるため、政府による初期の支援、特に資金援助は共同行動の促進に効果的である。
- 資金援助は地域の条件に適したものでなければならない。柔軟な資金援助プログラムは革新的な共同行動を促進することができる。
- 政府は、自発的に立ち上がった組織が潜在的に脆弱であるという事実を認識し、共同行動の継続性の確保について十分注意しなければならない。これは資金援助を行う際に、厳格かつ正式な手続を定めることと、柔軟性の高い又は期間の長い資金援助協定を結ぶこととの間で、バランスを取る必要があることを意味している。

技術支援は農家の能力を向上させることができる。
- 科学的知識は天然資源を管理する上で必要なものである。しかし、農家は必ずしもそうした知識を有していなかったり、公共財の供給と負の外部性の削減に必要な管理手法に精通していなかったりする場合がある。政府その他の外部団体はそうした面での支援を行うことができる。
- 政府は、天然資源に関する科学的知識の提供、農作業の計画と実践に関する技術的アドバイスと支援、共同行動のためのガイドラインの作成、紛争解決システムの提供、成功事例に関する情報提供、環境問題について啓発するための外部向けイベントの開催といった様々な技術支援を行うことで、共同行動に貢献することができる。
- 内部要因（習慣と認識）は農家の行動に大きな影響を及ぼすことから、教育と助言により環境啓発を行うこと、そして望ましい行動に対してはしっかり報いることが、共同行動の促進に有効となる。

政策は社会的ネットワークや組織の管理制度を踏まえたものでなければならない。
- 強力な社会的ネットワークにより共同行動に関する取引費用を削減することができる。一般的に農家は近隣住民との協力に前向きであることから、社会的ネットワークは農家による共同行動の発展や情報交換、農家の持っている資源や能力の相乗効果を促すものであると言える。社会的ネットワークを強化し、民間部門を含むさらに広範なコミュニティを共同行動に関与させることが重要である。
- 社会交流を促すような資金援助プロセスを採用することで、パートナーシップを刺激し、社会的ネットワークを強化することができる。農村、科学者、大学からなるパートナーシップを構築し、イノベーションを探求したり、知識を交換することで、双方向の便益をもたらすことが

可能となる。
- 制度面の特徴（社会的規範や文化等）も共同行動に影響を与える。集団が法人格を有している場合は、集団の信頼性と安定性が増し、資金調達にも有利に働くことから、共同行動の促進のために法的枠組みを設けることは有効であると考えられる。
- 社会的ネットワークの強化には信頼が必要であるため、地域のリーダーやその他の農家の行動に影響を与える「模範的な農家」にアプローチすべきである。共同行動の設計にあたって、政府は政策を既存の社会的ネットワークと組織の管理制度に適合させなければならない。

仲介者やコーディネーターとの協力が重要である。
- 仲介者とコーディネーターは、地域に関する知識を提供したり、適切な関係者を結びつけるなど、協力を深化させる上で重要な役割を果たすことができることから、政策立案にあたっては彼らのこうした役割を踏まえる必要がある。共同行動を支援する農業NGOや環境NGOのための資金援助プログラムは、共同行動を間接的に支援することができる。

地方公共団体と国との協力関係は不可欠である。
- 共同行動を支援するための政策オプションを検討する際には、国と地方公共団体、双方からの支援が重要となる。ほとんどの共同行動は地域の問題を取り扱うものであり、一般に、地方公共団体は、そうした問題に関して豊富な知識を有していることから、重要な役割を果たす。供給される公共財が地域公共財である場合は、地方公共団体が資金援助を行うことが最も適切である。また地方公共団体は、地域の状況に応じた専門知識の提供と技術支援を行うことができる。政策プログラムは、それぞれの地域の条件に適応し、既存の組織が実行可能な柔軟

なものでなければならない。政府は、地域による資源管理をさらに進め、外部から制限を受けることなく地域が意思決定できる仕組みを構築する必要がある。

- 一方、国は地方公共団体には不可能な大規模な支援を行うことができる。農業環境公共財の供給を促進する政策は、行政上や司法上の境界ではなく、対処すべき農業環境問題に適した規模と地理的範囲に基づいて設計されなければならない。共同行動が対象とする地域が大規模な資源を必要とする非常に広範な地域を対象としている場合は、国からの支援が必要となる。
- したがって、共同行動には国と地方公共団体の両方からの支援が可能であり、かつ適切となりうる。個々の状況における便益を吟味の上、支援を行う適切な政府関係機関を決定する必要があり、また、国と地方公共団体が支援を行う際には、両者の協力が共同行動を促進する際の鍵となる。

共同行動の費用対効果の評価にはさらなる研究が必要である。
- 農業環境に関する政策は費用対効果が高いものでなければならない。つまり、環境目標が設定されたら、それを最低限の費用で達成することが必要である。共同行動は個々の農家の農地レベルを越える一定の地域を対象としているため、費用対効果は対象となる地域単位で検討されなければならない。
- 一般的に、環境目標が広範囲にわたる環境改善を対象としたものである場合、共同行動は、個々の単独行動よりも効果的であると考えられる。共同行動により、複数（できれば近隣）の農地を農業環境計画の対象とすることができ、これにより、より大規模な成果を生み出すことができる。しかし、共同行動の成果についての比較研究や定量的研究は

ほとんど存在しない。共同行動の有効性と費用対効果の両方を評価するためには、より多くの研究が必要である。これらの研究は、確実な科学的根拠に基づくものでなければならず、評価の結果はより良い政策設計のために利用されなければならない。

本書では、共同行動の促進に関する政策について考察するため、数多くの文献研究と13のOECD加盟国における25の事例研究を行った。本書ではまた政府の役割に加えて、地元住民と民間企業といった民間部門が、積極的に農業環境公共財の供給に貢献していることも明らかにしている。実際、多くの事例において地元住民と民間企業が共同行動に参加している。今後さらに検討すべき重要な点の1つは、この民間部門の役割であり、そして政府がどのように民間と農家との協力関係の強化を図ることができるかという点である。

本書は、政府の政策が農家の行動に相当な影響を及ぼしていることを明らかにしている。政府の政策は共同行動を促進することができるが、同時に、頻繁に変更される政策目標と資金援助制度などの不確実な政策環境が、共同行動に参加する農家の意欲にマイナスの影響を及ぼす可能性があることも明らかにしている。また本書では、OECD加盟国で供給されている農業環境公共財には、様々なタイプがあり（生物多様性、農村景観、水質、共有資源等）、そして共同行動はこれらに関する問題に対して効果的に対処できる可能性を有していることを示している。

しかし、農業環境問題に対する最適なアプローチについて理解するためには、すべての関連するアプローチ（単独行動を対象とするのか、共同行動を対象とするのか）と政策（規制、農業環境支払い、取引可能な許可証、技術支援等）を比較することが必要である。資源問題の性質と農業環境公共財のタイプ（生物多様性、水質等）及びその価値（利用価値と非利用価値）によって、適切な政府の政策やアプローチが異なることも考えられる。

本書は、共同行動の役割しか分析していないため、その他のアプローチや政策と比較して、共同行動が最適なアプローチである場合がどのような場合であるのかに関するガイドラインを定めたり、一般化するには不十分である。したがって、こうした問題をさらに検証するためには、共同行動を促進する政策のみならず、OECD加盟国で実施されている農業環境政策全般を比較し、それぞれの農業環境公共財に対する政策の役割を分析することが必要となる。それぞれの場合において、政府による介入の適切な規模と手法を明らかにするためには（例えば、どの政策がどの資源問題のタイプに適切であるか、政府の支援はどの程度まで行われるべきか、政府は初期費用又は運営経費のいずれを対象とする資金援助を行うべきか、政府の支援により供給される公共財の供給量はこれらの財の社会的需要量と一致しているかどうか）、さらなる研究と研究成果の取りまとめが行われなければならない。

注

1. OECD（2005）は、農業関連の公共財には、参加者による共同行動等、政府以外のアプローチにより提供することができるものが存在することを明らかにした。
2. 「ミネラルウォーター製造業者と農家による水質保全」（FRA1）では間接的な政府の関与が存在する。例えばヴィッテル地域は、「土地統合管理プログラム」による支援を受けており、当該プログラムにより、対象地域の土地の再編促進支援及び集約農業に由来する非特定汚染源からの汚染を抑制するための農法の変更支援などを受けていた。しかし、ミネラルウォーター製造業者と農家の間の契約は私的な契約となっている。
3. 各種政策（技術支援、農業環境支払い、規制）は、農業環境公共財を供給し、負の外部性を削減するために、単独行動と共同行動の両方を

対象とすることができる。政府がどちらのタイプの行動（単独行動又は共同行動）を対象とすべきかは、それぞれの状況による（関連する内容が4.2.の中の「一般的な農業環境支払いと共同行動に特化した資金提供プログラム」の節で議論されている）。
4. 例えば、規制により、農家の集団に対して環境に優しい農法を取り入れさせたり、汚染水を削減させるよう強制することができる。また、新たな共同行動を促進する背景となる条件や規範を規制により定めることもでき、共同行動がこれらの条件や規範を地域の状況に適応させることもできる。
5. OECD加盟国の中には共同行動のためのガイドラインを公表している国もある。例えばカナダ・アルバータ州政府は2001年に、地域社会による効果的な土地・水管理のパートナーシップを形成するための手引き（アルバータ州における農業、食料、農村開発）を公表した。この手引きは、農家がパートナーシップを立ち上げるための要点とそのステップについて概説している。
6. 受益者負担の原則の例は、生態系サービスへの支払い（Payment for ecosystem services：PES）の例であるとも考えられる。生態系サービスへの支払いとは「生態系サービスの利用者又は受益者が、自らの運営上の決定が生態系サービスの供給に影響を及ぼすこととなる個人又は集団に対して、支払いを行う契約」のことである（OECD, 2010a）。これは生態系サービスの少なくとも「1名」の売り手と「1名」の買い手の間で結ばれる契約のことを指す。したがって、共同行動は生態系サービスへの支払いの前提条件ではないが、生態系サービスへの支払いは多くの場合売り手（又は買い手）の集団を対象とする。
7. 水道事業体が水質改善の費用を負担する場合でも（その一部は市場で取り引きされる）、水質自体は依然として公共財の性質を有している。

すなわち、非競合性と非排除性を有する財である。水道事業体は、農家、漁業者、地元住民といった他者を水質改善による便益を享受することから排除することができない。さらに、生物多様性等の水質改善に関連する非利用価値が存在し、その便益はより広範な一般市民が享受している。それでも、水道事業体はこの公共財の供給に必要な費用の一部を負担することができる。この場合でも、公共財の供給費用を完全に負担し、社会的な需要を満たすためには、政府が資金援助を行う必要が生じる可能性がある。

参考文献

Alberta Agriculture, Food and Rural Development (2001), *Building Community Partnerships: A Guide for Creating Effective Land and Water Stewardship*, Alberta Agriculture, Food and Rural Development, Edmonton, Canada.

Baland, J.M. and J.P. Platteau (1996), *Halting Degradation of Natural Resources: Is there a Role for Rural Communities?*, FAO (Food and Agriculture Organization of the United Nations), Rome.

Barbier, M. and E. Chia (2001), "Negotiated Agreement on Groundwater Quality Management: A Case Study of a Private Contractual Framework for Sustainable Farming Practices", in C. Dosie, ed. *Agricultural Use of Groundwater, Towards Integration between Agricultural Policy and Water Resources Management*, Dordrecht: Kluwer Academic Publishers.

Bruce, C. (2003), *Modeling the Environmental Collaboration Process: A Deductive Approach*, Department of Economics Discussion Paper 2003-10, University of Calgary, Calgary, Alberta, Canada.

Bruce, C (2008), *Identifying "Appropriate Use" in Canada's Parks: Collaborative Decision-Making*, Paper presented at the Canadian Parks for Tomorrow: 40th Anniversary Conference: Assessing Change, Accomplishment and Challenge In Canadian Parks and Protected Areas, University of Calgary, Calgary, Alberta, Canada, 8 to 11 May 2008.

Bruce, C., P.P. Lara, U. Parlar and D. Erkmen (2012), *The Use of Collaborative Bargaining in Agricultural Policy-making*, Paper prepared for Agri-Environment Services Branch Agriculture and Agri-Food Canada, Economica Ltd.

Davies, B., K. Blackstock, K. Brown and P. Shannon (2004), *Challenges in Creating Local Agri-environmental Cooperation Action amongst Farmers and Other Stakeholders*, The Macaulay Institute, Aberdeen.

Déprés C, G. Grolleau and N. Mzoughi (2008), "Contracting for Environmental Property Rights: The Case of Vittel", *Economica*, Vol. 75, No. 299.

Ecker, S, L. Thompson, R. Kancans, N. Stenekes, and T. Mallawaarachchi (2012), *Drivers of Practice Change in Land Management in Australian Agriculture*, ABARES report to client prepared for Sustainable Resource Management Division, Department of Agriculture, Fisheries and Forestry, Canberra, December.

European Food Safety Authority (EFSA) (2011), *Spain – 2010 Report on Trends and Sources of Zoonoses. Report referred to in Article 9 of Directive 2003/99/EC*. EFSA, Parma (Italy).

Green, K. (2011), "Australia's Approach to Environmental Performance", Presentation at the OECD Workshop on the Evaluation of Agri-environmental Policies, 20-22 June, Braunschweig.

Harris-Adams, K, P. Townsend and K. Lawson (2012), *Native Vegetation Management on Agricultural Land*, ABARES (Australian Bureau of Agricultural and Resource Economics and Sciences) Research report 12.10, Canberra, November.

Hodge, I. and S. McNally (2000), "Wetland Restoration, Collective Action and the Role of Water Management Institutions", *Ecological Economics*, Vol. 35.

Hodge, I. and M. Reader (2007), *Maximising the Provision of Public Goods from Future Agri-environment Schemes*, Final Report for Scottish Natural Heritage, Rural Business Unit, Department of Land Economy, University of Cambridge.

Hyndman, D., A. Hodges and N. Goldie (2007), *National Landcare Programme Evaluation 2003-06*, Final Report, Australian Bureau of Agricultural and Resources Economics & Bureau of Rural Sciences, Canberra.

Lubell, M., M. Schneider, J.T. Scholz and M. Mete (2002), "Watershed Partnerships and the Emergence of Collective Action Institutions", *American Journal of Political Science*, Vol. 46, No. 1.

MAF (Ministry of Agriculture and Forestry of New Zealand) (2010), "Ten Years of Grassroots Action 2010", Ministry of Agriculture and Forestry, Wellington.

Mills, J., D. Gibbon, J. Ingram, M. Reed, C. Short and J. Dwyer (2010), "Collective Action for Effective Environmental Management and Social Learning in Wales", Paper presented at the Workshop 1.1 Innovation and Change Facilitation for Rural Development,

9th European IFSA, Building Sustainable Futures, Vienna Austria, 4-7 July 2010.

OECD (1996), *Amenities for Rural Development: Policy Examples*, OECD Publishing, Paris. www.oecd.org/bookshop?9789264148147.

OECD (1998), *Co-operative Approaches to Sustainable Agriculture*, OECD Publishing, Paris. DOI: 10.1787/9789264162747-en.

OECD (2005), *Multifunctionality in Agriculture: What Role for Private Initiatives?* OECD Publishing, Paris. DOI: 10.1787/9789264014473-en.

OECD (2006), *Financing Agricultural Policies with Particular Reference to Public Good Provision and Multifunctionality: Which Level of Government?*, Paris. www.oecd.org/agriculture/agricultural-policies/40789444.pdf.

OECD (2008), *Multifunctionality in Agriculture: Evaluating the Degree of Jointness, Policy Implications*, OECD Publishing, Paris.

OECD (2010a), *Paying for Biodiversity – Enhancing the Cost-effectiveness of Payments for Ecosystem Services*, OECD Publishing, Paris. DOI: 10.1787/9789264090279-en.

OECD (2010b), *Guidelines for Cost-effective Agri-environmental Policy Measures*, OECD Publishing, Paris. DOI: 10.1787/9789264086845-en.

OECD (2012), *Evaluation of Agri-Environmental Policies: Selected Methodological Issues and Case Studies*, OECD Publishing, Paris. DOI: 10.1787/9789264179332-en.

Oerlemans, N., J.A. Guldemond and A. Visser (2007), *Role of Farmland Conservation Associations in Improving the Ecological Efficacy of a National Countryside Stewardship Scheme, Ecological Efficacy of Habitat Management Schemes*, (Summary in English) Background report No. 3. Wageningen, Statutory Research Tasks Unit for Nature and the Environment.

Polman, N., L. Slangen and G. van Huylenbroeck (2010), "Collective Approaches to Agri-environmental Management", in Oskam, A., G. Meester and H. Silvis (eds.), *EU policy for Agriculture, Food and Rural Areas*, Wageningen Academic Publishers.

Shobayashi, M., Y. Kinoshita and M. Takeda (2011), "Promoting Collective Actions in Implementing Agri-environmental Policies: A Conceptual Discussion", Presentation at the OECD Workshop on the Evaluation of Agri-environmental Policies, 20-22 June Braunschweig.

農林水産省 (2012), "平成24年度農地・水保全管理支払交付金の取組状況", 農林水産省, 東京.

第 2 部

OECD加盟国で実施されている共同行動の理解

第12章

共同行動の事例研究：日本[1]

本章では日本における3つの共同行動に関する政策を取り上げる。最初の2つの事例は滋賀県の農業関連の生物多様性の保全に関する政策（魚のゆりかご水田プロジェクト）と農業排水の再生利用に関する政策（びわこ流域田園水循環推進事業）であり、3つ目の事例は農林水産省の「農地・水保全管理支払交付金（旧農地・水・環境保全向上対策）」である。1つ目の政策は、魚が水田まで遡上できるよう用水路の水位を上昇させることに同意する農家に対し補助金を支給するものであり、2つ目の政策は、多くの農家を代表する土地改良区との契約を通じ、農業排水の再生利用を図ることを目的としている。3つ目の政策は、日本最大の農業資源と環境を保全するための農業環境政策であり、集落単位の組織を通じて、水路等の施設を管理するものである。本章では、事例研究の簡単な説明に続いて、共同行動が供給する農業環境公共財と共同行動の結果に影響を与える要因を論じ、最後に比較分析を行う。

農業の多面的機能（すなわち非農産物）を保全し、食料の安定供給を確保することは、日本の農政の主要な政策目標の1つである（農林水産省, 1999）。非農産物の多くは、水田の洪水防止機能、農村景観の提供、生物多様性の保全といったように、ある程度公共財の特徴を備えている。

日本の平均農地面積は、10ヘクタールを越える北海道を除いて依然として小さく（約1ヘクタール）、一般的に、農産物の持続可能な供給を達成するためには共同行動を促進することが重要となる。負の外部性の削減に関しても同様に、個々の農家が個別に農法を見直して対応する場合と比べ、共同行動による取組の方が効率的かつ効果的に対応することができる。このように、日本は、農業環境に関連する様々な共同行動の事例を分析することができる国であり、荘林他（2011）が指摘するように、現に、日本の農業環境政策に共同行動が組み込まれている事例が複数存在している。

12.1. 事例

本研究では（1）農業関連の生物多様性の保全（魚のゆりかご水田プロジェクト）、（2）農業排水の再生利用（びわこ流域田園水循環推進事業）、（3）農地・水保全管理支払交付金（旧農地・水・環境保全向上対策）の3つの事例を取り上げ、分析する。

農業関連の生物多様性の保全に関する政策（魚のゆりかご水田プロジェクト）

事例の概要

この生物多様性の保全に関する政策の現在の枠組みは2006年に滋賀県が導入したものであり[2]、本政策は2009年に全国知事会で最も革新的とされる都道府県の政策に与えられる最優秀政策賞を受賞したものである[3]。

この政策は、同じ水路に沿って水田を有していることから、その水位を上げるためには共同で行動しなければならない農家に対し、農業環境支払いを交付するというものである。具体的には、琵琶湖にのみ生息する魚[4]が繁殖のために湖から水田に遡上できるよう、滋賀県が水路の水位を上げることに同意した農家に対して補助金を交付している。この政策が実施されなければこの魚は琵琶湖にとどまり、その稚魚はブラックバス等の外来種に捕食されてしまうこととなってしまう。

共同行動により供給される公共財
　この政策により生物多様性が保全されることから、農家への補助金の交付は正当化されるといえる。滋賀県にとって、生物多様性の保全にかかわる便益は純粋公共財の特徴（非排他性及び非競合性）を有している。農家にとって水路の水位を上げることは米の生産にマイナスの影響を及ぼすことから補償が必要となる。補助金交付額は、1ヘクタールあたり3万3千円となっており、当該交付額は、農家が水位を上げることに伴う追加的費用を基に算出されたものである[5]。この政策の効果は大きく、2006年に導入されて以来、参加区域は2005年の約1ヘクタールから2006年には40ヘクタール、そして2011年には100ヘクタール以上に拡大した。

共同行動
　水路沿いに水田を有しているすべての農家が同意する必要があることから、共同行動が必要となる。農家が1人でも水路の水位上昇に協力しない場合は、当該プロジェクトは実施不可能となる。
　滋賀県は契約の一環として共同行動を要求している訳ではないが、現在締結されているすべての契約は農家の集団との間で締結されたものとなっている。これは、同プロジェクトのためには水路に沿った数百メートルの長さの

水田が必要となるが、滋賀県にはそのすべてを1人の農家が耕作している例がないためである。現在、32の集団が合計117ヘクタールの水田を対象に取組を展開しており[6]、1集団あたり平均4ヘクタールの水田を対象としていることになる。水田1区画の標準的な大きさが100m×30m（0.3ha）であることから、各プロジェクトエリアには平均して13区画が存在することとなり、仮に各区画がそれぞれ異なる農家に管理されているとすると、13人の農家が集団で行動していることとなる。

共同行動に影響する要因
共同行動の費用及び便益とソーシャル・キャピタル

「魚のゆりかご水田プロジェクト」の下で行われる共同行動は、関連する物理的諸条件を克服するために行われる自発的なものである。理論上は、同一の水路沿いの水田を有する個々の農家の集団が、プロジェクトに参加することで発生する費用ともたらされる便益（1ヘクタールあたり3万3千円の補助金）を比較して、当該プロジェクトに参加するかどうかを決定することとなる。農家が負担する費用には、個々の農家が負担する追加費用と、集団を形成する際に生じる取引費用が含まれている。そして前者は農地の状況に左右され、水田が急斜面に立地している場合は、水路の水位を上げるのに伴う費用が平地の水田の場合よりも多くなる可能性がある。

一方、取引費用は社会経済状況を反映したものとなる。例えば、水路沿いの稲作農家が異なる種類の米を栽培している場合、彼らは異なる作付カレンダーに沿って米を栽培している可能性があることから、水位の調整はより困難になると考えられる。一部の農家が水田から排水したい場合でも、他の農家は水を張った状態のままにしておきたいかもしれず、その場合は水路の水位について合意することが困難となるからである。利用可能な定量データはないものの、強固なソーシャル・キャピタル（社会関係資本）の存在により、

この種の取引費用を減らすことができていると考えられる。滋賀県は農家の総数に占める兼業農家の割合（90％以上）が日本で最も高い都道府県の１つである。これは滋賀県では、それだけ多くの農家が出身集落に今も居住していることを示唆しており、ソーシャル・キャピタルが依然として強固で、それが農家の共同行動を円滑にしていると推察される。

地方公共団体

この事例の共同行動は自発的なものであるが、共同行動の組織化にあたっては、滋賀県も重要な役割を果たしている。第一に、滋賀県は、多くの普及事業を実施し、集落営農化を促進するなど、従来から農家の組織化を支援してきた。例えば、現在、滋賀県にはこうした集落営農が400以上存在し、これらは日本全体の10％超を占めている。これは滋賀県の農地面積の全国比率（約１％）を大きく上回るものとなっている（農林水産省, 2011）。第二に、滋賀県は「魚のゆりかご水田プロジェクト」を実施するための人材を確保し、

図12.1. エコラベル

出典：滋賀県（2010a）

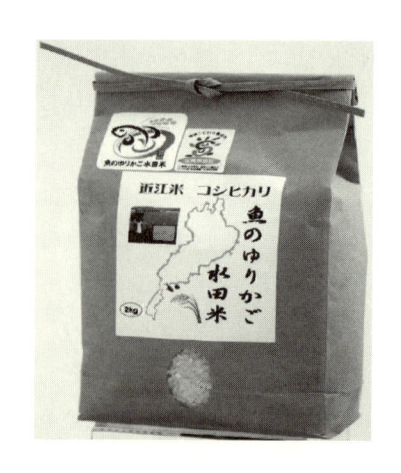

各地域で共同行動が行われるよう支援している。滋賀県の各地域事務所では、数名のスタッフが同プロジェクトの農家支援業務に従事している。

また滋賀県では、このような農家の組織化に関する直接的な支援に加え、同政策推進のための特別なエコラベルの制定を主導している（図12.1.）。このラベルは、プロジェクト実施地域で栽培された米の価格が慣行栽培米よりも高くなることを意図したものであり、当該ラベルは農家に対して、組織化に取り組む追加的な動機を与えているものと思われる。荘林他（2011）が示している通り、エコラベルが効果的なものとなるためには一定量以上の生産量が必要となることから、ある程度の共同行動が求められることとなる。

農業排水を再生利用する政策（びわこ流域田園水循環推進事業）

事例の概要

2004年に滋賀県が導入した本政策は、複数の土地改良区[7]において水田由来の農業排水の再生利用を促進することにより、琵琶湖に流入する農業排水を減少させることを目的としている（図12.2.）。

当該政策は、1970年代に琵琶湖への化学物質の流入を減少させるために滋賀県が始めた取組に由来するものである。当初の政策目的は、積極的な規制の導入により汚水処理施設や工場等の点汚染源からの排出量を削減することであった。その結果、琵琶湖への総排出量に占める点汚染源の割合は徐々に減少し、次に非特定汚染源負荷、特に農業排水に対処するための政策手段が必要とされるようになり、2003年には、化学物質の使用量を50％削減した農家に対して農業環境支払いを交付する条例が滋賀県議会で承認された。

2005年、本政策は、個別農家を対象とする農業環境政策を補完するものとして位置づけられた。この政策の基本的考えは、各水田での化学物質の使用量を削減することに加え、化学物質を含む農業排水を再生利用することで、琵琶湖に流入する化学物質の総量を大きく削減しようというものである。農

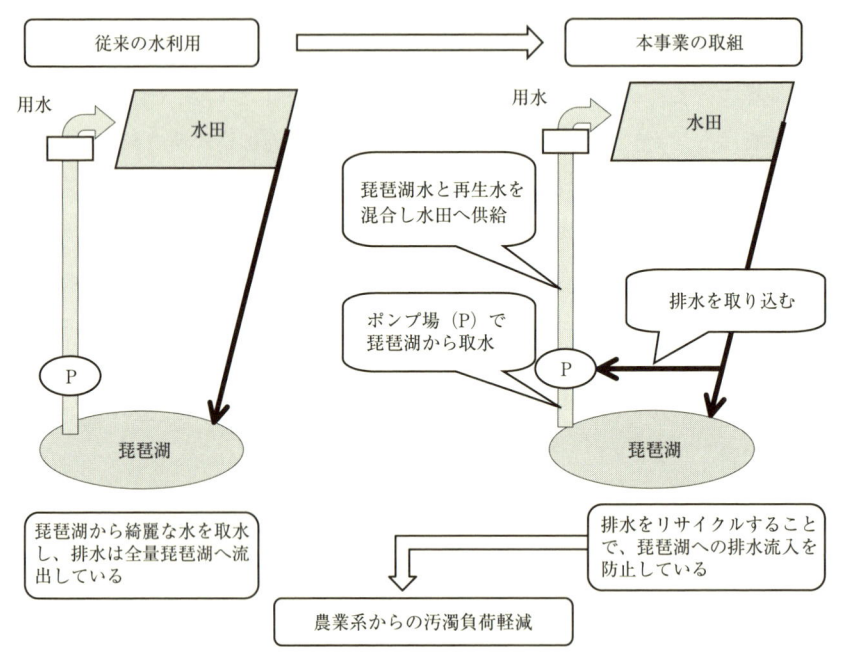

図12.2. びわこ流域田園水循環推進事業に伴う農業排水サイクルの変更概略図

［従来の水利用］
- 琵琶湖から綺麗な水を取水し、排水は全量琵琶湖へ流出している
- ポンプ場（P）で琵琶湖から取水

［本事業の取組］
- 琵琶湖水と再生水を混合し水田へ供給
- 排水を取り込む
- 排水をリサイクルすることで、琵琶湖への排水流入を防止している
- 農業系からの汚濁負荷軽減

出典：滋賀県（2010b）

業排水を農業用水として再生利用するには、同じ水路を使用しているすべての農家の同意が必要であることから、当該政策には共同行動を促進するための仕組みを組み込むことが必要となる。

再生利用を促進するにあたっては、農家による排水の再生利用に関する規制の導入と再生利用に同意した農家に対する補助金の交付の2つの方法が検討された。いずれの手法を選択するのかについては、政策全体の一貫性を踏まえる必要がある（荘林他（2012）を参照）。例えば、排水の再生利用に関する規制を導入することは、化学物質の使用を50％削減した農家に対して補

助金を交付する政策との間で矛盾を引き起こす可能性がある。農業政策全体の一貫性の確保の観点から、滋賀県は農業排水を農業用水に再生利用する土地改良区に対し、通常の農業排水対策と比べて余分にかかる費用（掛増経費）の50％相当額を補助金として交付することとした。こうした掛増経費には、農業排水を上流へと汲み上げたり、パイプを洗浄したりすることに関する費用が含まれている。

共同行動により削減される負の外部性

本事例では、農業生産に伴い発生する負の外部性を削減している土地改良区に対し、補助金を交付している。

共同行動

本政策の補助金の交付契約は滋賀県と土地改良区との間で交わされるため、個々の農家は単独でプロジェクトに参加することができない。このため本政策には共同行動が自動的に組み込まれているといえる。農業排水を再生利用するために必要な施設は土地改良区が保有、管理していることから、個別の農家や農家の集団とではなく、土地改良区と契約を交わすことが重要であった。契約を結ぶか否かを決定するにあたり、土地改良区では正式な意思決定手続を経ることとなる。利用可能な定量データはないが、こうした手続は、農業排水の利用について農家から承諾を得る際に発生する取引費用を削減する上で有効だと考えられる。

現在、滋賀県は約3,600ヘクタールの集水域をカバーする7つの土地改良区と契約を結んでおり（**表12.1.**）、農家組合員数は16,700を超えている。この政策の効果は大きく、再生される農業排水量は政策導入以前と比べ、8倍となっている。

表 12.1. 土地改良区のリスト（2011 年）

地区名	集水面積 (ha)	用水受益面積 (ha)	環境成果		農家組合員数
			水量 (1,000m^3)	汚濁物質減少量 (kg)	
愛西	388.0	1,377.0	596	51,257	2,498
天の川沿岸	174.0	661.0	1,442	14,718	816
長浜南部	108.3	674.1	722	10,850	1,483
石田川	42.3	298.0	172	1,765	432
鴨川流域	404.3	749.5	2,530	29,584	1,217
新旭	24.0	393.0	967	6,735	792
愛知川沿岸	2,489.0	581.0	-	-	9,479
合計	3,629.9	4,733.6	6,429	114,909	16,717

出典： 滋賀県（2010b）

共同行動に影響する要因

地方公共団体

前述の通り、滋賀県は意図的に当該政策を共同契約として設計した。個別の農家や非公式な農業者の集団との間で契約を締結することはほぼ不可能であったことから、滋賀県は、再生利用に係る施設を保有・管理しているすべての土地改良区を特定し、これらを政策の対象とすることとした。また、このように共同契約とすることで、取引費用の抑制を図ることができる点も考慮された。

取引費用

この共同契約の主な課題は、各土地改良区が農業排水を再利用することについて、農家組合員の承諾を得る際に生じる取引費用をいかにして軽減するかということであった。各土地改良区が保有する水利権は、農業者にとって必要な量の農業用水を供給するのに十分なものであることから、農業排水の再利用は農家組合員にとって魅力的なものではない。また、滋賀県から土地

改良区に対して交付される補助金には、農家組合員が負担せざるを得なくなる可能性のある費用についての手当てが全く含まれていなかった。このため、農家組合員から同意を得ることが政策上の課題であった。

制度的アプローチ

結果が示しているように、この政策は「成功」であり、選択された制度的アプローチはうまくいったと思われる。プロジェクトに参加したすべての土地改良区で、通常の意思決定プロセスを通じて農家組合員の同意を得ることに成功した。1947年に制定された土地改良法では、すべての土地改良区において少なくとも年1回、全組合員又はその代理人が出席する総会を開催することが義務付けられている。こうした総会では、次の会計年度における水利費用や稼働計画、管理計画等の重要な決定が行われることになっており、当該プロジェクトの対象土地改良区では、組合員から同意を得る際に、こうした総会を利用した。

農地・水保全管理支払交付金（旧農地・水・環境保全向上対策）

事例の概要

本政策は、2007年に実施された農政改革の一環として農林水産省が導入したものである。この改革は、1）農地を大規模農家の下に集積すること等を通じて生産性を向上させること、2）構造改革の影響を受ける可能性がある農村集落を維持することの2点に焦点を当てたものとなっており、これらは2つの政策目標に置き換えられ、「農地・水・環境保全向上対策」は後者の政策目標を達成するための中心的な対策として導入された。

「農地・水・環境保全向上対策」はさらに集落単位の水路の保全に関する補助金[8]と農家による化学物質の使用量を50%削減することを推奨する農業環境直接支払いの2つのタイプに分類される。前者は、各地方公共団体と契

約した水路等の共同保全管理を図る地域の活動組織に対して補助金を交付するもので、補助金額は施設の平均維持費用を参考に決定された。具体的には、平均維持費用は1ヘクタールあたり年6万6千円と見積もられ、その3分の1を農家が負担し、残りを農林水産省並びに関連する都道府県及び市町村が負担することとなった。後者は2004年に滋賀県が導入した政策と類似しており、化学物質の使用量を50％削減することに伴い発生する追加費用を農家に補助金として交付するものである。滋賀県の対策と農林水産省の対策の主な相違点は、農林水産省の対策は、各地域が前者の水路保全に関する補助金を導入していることを、後者の環境直接支払いの前提条件としていたことである。

本節では、滋賀県白王地区における共同行動を具体例として取り上げる。

共同行動により維持される共有資源

本節では前者の補助金に焦点を当てることとする。この補助金の主な目的は、水路等の農業用水施設の保全である。この目的の説明からは、政策目標や供給される非農産物について、すぐに明確に把握することは容易ではない。理論的には、農業用水は私的財として分類されることから、農業用水を維持するための補助金は農業政策の一部に過ぎないこととなる。しかし、農業用水は、競合性と非排除性を有しており、共有資源とみなすことができる。すなわち、利用者が多過ぎる場合、当該施設は混雑する可能性がある一方（競合性）、水路の農外使用を排除することは技術的に困難である（非排他性）という特性を有している。したがって本書では、「農地・水保全管理支払交付金（旧農地・水・環境保全向上対策）」が共有資源の供給を目的としたものであるという仮の定義を設けることとする。

共同行動

　本節ではまず、農林水産省（2012）のマクロレベルの基本データを紹介する。これによると、2011年には約2万の組織が「農地・水保全管理支払交付金」の交付を受けて活動し、取組面積は140万ヘクタール（農業振興地域内の対象農用地面積の35%）となっている。滋賀県では同年、791の組織が活動を行い、取組面積は3.3万ヘクタール（同県の農業振興地域内の対象農用地面積の67%）となっている。これは日本の都道府県の中で最も取組が活発な都道府県の1つとなっている。

　地理的な規模について見てみると、これらの活動組織の68%が農村集落を単位に形成されている一方、18%は2つ以上の農村集落単位で形成されている。農村集落は日本の農村地域における最も基本的な単位であり、平均約100世帯、約30ヘクタールの農地から成り立っている。農村集落は法的な組織ではないものの一定の自立性を有しており、行政機関を補完する役割を担う場合もある。地域の活動組織の大部分が実際には農村集落であるというこの事実は、「農地・水保全管理支払交付金」が支援しているのは、主に既に行われている共同行動の保全及び強化であるということを強く示唆している。実際、農林水産省（2010）の研究によると、この政策の成功要因について、当該政策に従事している地方公共団体の職員は、集落営農等農村集落における既存の組織の存在が重要であると指摘している。

　本節で取り上げる白王地区[9]は滋賀県近江八幡市に位置している。近江八幡市には93の農村集落があり、そのうち53の集落が集落営農を展開している。白王地区はそうした農村集落の1つである。この地域における活動組織は、集落営農、婦人会、保護者会、関連土地改良区、38の農業者等、複数の既存組織を基に2008年に設立され、55ヘクタールの農地を対象としている。

　地域の活動組織は農業用水の管理業務を従来から適切に行っており、集落営農や村外のNPOなどの組織とも協力関係にあった。例えば、近江八幡市

は2006年に景観法に基づく計画を策定し、この地域を景観保護地域に指定するとともに、近江八幡市、地域住民、集落営農、NPOが一体となって歴史的に重要な景観の保全を目的とした活動を開始した。滋賀県も上述の「魚のゆりかご水田プロジェクト」及びエコラベル（事例 1 （JPN1）参照）を導入することにより、これらの活動を支援し、景観と資源の保全活動により一層大きな意義を与えている。

共同行動に影響する要因

社会的ネットワーク

活動組織と地方公共団体との契約は共同契約となっているが、この地域での共同行動は長年続いてきた制度的な背景に基づくものであり、この密接な社会的ネットワークが地域の活動組織の基盤となっていることは明らかである。農業用水は、日本の多くの他の水田と同様、農村集落毎に管理されており、これは、同じ地理的規模の地域の活動組織を立ち上げる際にも役に立っている。

政府による支援

ここで問題となるのは、本政策が、共同行動を保護又は調整する上で効果的であり、その結果、共同行動が集落を取り巻く現在の環境に適合しうるかどうかという点である。これに関し、政策立案者が注意すべきポイントがいくつか存在する。第一に、政府の支援と自発的に組織された共同行動との間には、慎重なバランスが求められるという点である。「農地・水保全管理支払交付金」の導入以前は、農家と非農家を含む農村集落の住民により保全管理活動が行われていた。「農地・水保全管理支払交付金」は、人口減少により住民がこうした活動を行うことが困難となっていく状況に対応するため、これらの活動を支援することを目的として導入された。その結果、様々な研

究によって明らかとされているように、「農地・水保全管理支払交付金」はこうした施設の適切な保全管理に貢献している（例えば、農林水産省, 2010）。他方、既に自発的に行われている活動への補助金の交付は、例えば、こうした活動についての補助金が住民に交付された場合に活動に参加しない者が出てくる可能性があるなど、共同行動にマイナスの影響を与えるおそれもある。従って、共同行動へのいかなる支援政策も、既に存在する共同行動を妨げずに政策目標を達成できるように設計されなければならない。

第二に、共同行動の促進策の設計者として国が最も適しているのか、という問題がある。各地域又は集落には社会的、歴史的な背景があり、これらが適切に政策に反映されなければならない。これに関し、地方公共団体は情報と経験を多く有しており、国が支援策を講じる場合には、地方公共団体がそうした設計に全面的に関与できるような制度上の仕組みが存在しなければならない。国から地方公共団体への財源の移譲を含めた地方分権は、その一つの形であると考えられる（一例としてOECD, 2003を参照のこと）。

12.2. 比較分析

この事例研究で取り上げた事例を比較分析し、暫定的な政策提言を行うこととする（**表12.2.**）。

政策決定の観点から、共同行動を行う集団の規模を規定する一つの要因として、対象となる財又はサービスの供給に関する「規模の経済」の程度が問題となる。しかし、規模が大きくなるにつれて、供給側を組織化するための取引費用も増加することとなる。こうした要因のバランスをいかにして取るべきかということについては、多分に実験や観察によって確かめるべきであるが、「魚のゆりかご水田プロジェクト」ではこの点が政策設計上の論点の1つとなっており、同プロジェクトの場合は、定額単価の補助金を用いるこ

表 12.2. 事例の概要：比較分析

	農業関連の生物多様性の保全に関する政策（魚のゆりかご水田プロジェクト）
共同行動	農家が共同して、魚が水田まで遡上できるよう水路の水位を上昇させる。
共同行動の参加者	農家
共同行動の組織団体	法人格を有しない農家の集団
組織数	32団体
平均規模	4ヘクタール
共同行動の選択根拠	他の選択肢が存在しない
政府の農業環境政策	農業環境直接支払い
農業環境政策の正当化理由	生物多様性の保全は典型的な純粋公共財であること。
共同行動の促進策	農業及び水路に関する物理的条件から、自動的に共同行動が必要。
共同行動の促進に関する国の役割	なし
共同行動の促進に関する地方公共団体の役割	制度設計及び補助金の交付。共同行動のための技術支援及び普及事業の実施。
共同行動に影響する要因	物理的条件が農家の組織化に伴う取引費用の規模に影響。滋賀県における集落営農に関する長年にわたる取組が、本政策の成功要因の1つ。
農家が共同行動に参加するか否かを決定する上で影響を与える要因	本政策は自発的な行動に全面的に依存しているため、農家間相互の信頼が重要な要因。特に、プロジェクトへの参加による便益（例：政府による交付金の支払いや社会的圧力）が、近隣農家との協調行動に伴う追加費用よりも大きいか否かが重要な判断材料。

a. この政策は「緑の政策」としてWTOに通知されている。

農業排水を再生利用する政策（びわこ流域田園水循環推進事業）	農地・水保全管理支払交付金（旧農地・水・環境保全・向上対策）
農家が共同で農業排水を農業用水として再利用する。	農村集落の住民が、共有資源である水路等の保全管理活動を共同で行っている。
農家、土地改良区	農家、非農家、農業団体、NPO
土地改良区	政策に基づいて設立された地域の活動組織。その多くは伝統的な農村集落に立脚したもの。
7 土地改良区	全国に約2万の活動組織が存在し、そのうち792が滋賀県に存在。
670ヘクタール、農家組合員数1,300	53ヘクタール（北海道を除く）、農家数58、非農家数12
各農家との個別の契約は莫大な取引費用を伴う一方、土地改良区の法定上の意思決定プロセスを活用することにより、契約関連の取引費用を削減することが可能。	各農村集落で広く行われている共同行動をその基礎として活用。
農業環境直接支払い	農地・農業用水等の自発的な保全管理
化学物質の利用減少に関連する環境便益は純粋公共財であること。補助金の交付は農業政策全般に照らして正当性を有すること。	農林水産省による補助金の交付は、農地・農業用水等の保全管理支援策の一環とみなせること。[a]
県と土地改良区との間で共同契約を締結。	農林水産省による地域の活動組織との共同契約の締結。
なし	制度設計及び資金提供（費用の33％）
制度設計及び補助金の交付。	制度設計には関与しない。費用の33％を負担（県：16.5％、市：16.5％）。
共同行動の促進にあたっては、既存の社会制度を活用すべきであるという滋賀県の戦略的意図が明確であったこと。当該方針により取引費用の削減が可能となったこと。	多くの場合、非公式かつ歴史的な社会的ネットワークの存在が、農村集落を単位とする地域の活動組織の設立の主な理由。
農家は土地改良区における正式な意思決定プロセスを通じて、自らの懸念を表明することが可能。	住民の意思決定の鍵は、各農村集落の歴史的、社会的背景。多くの場合、各農村集落には社会的規範が存在することから、住民には協力以外の選択肢が存在しない。

とで、取引費用が同補助金額よりも少額となる集団が自動的に政策の対象となるよう設計している。同様に、「農地・水保全管理支払交付金」における定額単価の補助は、他の組織形態よりも取引費用が少額となる農村集落を単位とした組織に有利に働いたようである。他方、「びわこ流域田園水循環推進事業」では、関係する土地改良区に限定して契約を締結することにより、共同行動における集団の規模を明確に規定している。

もう一点注意が必要となる政策的要因としては、国と地方公共団体双方の役割が挙げられる。表12.2.では、地方公共団体の役割が強化される必要性が示されており、これは強い政策的含意に富む結論となっている。この問題も、分権化に関するより広範な議論の一環として検討される必要性があるものと考えられる。

注

1. この事例研究は荘林幹太郎（学習院女子大学国際文化交流学部教授）が執筆した。
2. 日本には47の都道府県があり、各都道府県には約50〜100の市がある。
3. 2009年には2千を超える政策が審査された。
4. 琵琶湖は400万年前から存在する日本最大の湖である。
5. 3万3千円は日本の稲作農家の平均的な生産費用の約5％に相当する。
6. 滋賀県庁から直接聞き取りを行った。
7. 土地改良区は土地改良法に基づく組織であり、農業用水の維持・管理を行っており、制度上の必要な規則については同法に規定されている。例えば土地改良区で重要事項の決定を行う際には、組合員の少なくとも3分の2の賛成が必要とされている。日本には約5千の土地改良区があり、そのうち約117が滋賀県に存在する（滋賀県, 2011）。日本の土地改良区に関連する政策問題については、荘林他（2010）に示されて

8. 主な農業用水は土地改良区で管理されている。
9. この地域に関する情報は滋賀県庁から直接聞き取りを行なったものである。

参考文献

OECD (2003), *Multifunctionality of Agriculture: The Policy Implications*, OECD Publishing, Paris. DOI: 10.1787/9789264104532-en.

Shobayashi, M., Y. Kinoshita and M. Takeda (2010), "Issues and Options relating to Sustainable Management of Irrigation Water in Japan: A Conceptual Discussion", *Water Resources Development*, Vol. 26, No. 3.

Shobayashi, M., Y. Kinoshita and M. Takeda (2011), "Promoting Collective Actions in Implementing Agri-environmental Policies: A Conceptual Discussion", Presentation at OECD's Workshop on the Evaluation of Agri-environmental Policy, Germany, 20-22 June 2011.

滋賀県 (2010a), "管内の魚のゆりかご水田米について", 滋賀県, 大津 http://www.pref.shiga.lg.jp/kusatsu-pbo/denen/kome.html

滋賀県 (2010b), "びわこ流域田園水循環推進事業関連データ (滋賀県庁から提供された内部資料)", 滋賀県, 大津.

滋賀県 (2011), "土地改良区名簿", 滋賀県農林水産部耕地課, 大津.

荘林幹太郎, 木下幸雄, 竹田麻里 (2012), "世界の農業環境政策：分析枠組みの提案", 農林統計協会, 東京.

農林水産省 (1999), "食料・農業・農村基本法", 農林水産省, 東京.

農林水産省 (2010), "参考資料1参考図表", 2010年9月農地・水保全管理支払交付金第三者委員会提出資料, 農林水産省, 東京.

農林水産省 (2011), "平成23年集落営農実態調査", 農林水産省, 東京.

農林水産省（2012），"平成24年度農地・水保全管理支払交付金の取組状況"，農林水産省農村振興局，東京

付録

付録A　ゲーム理論と共同行動

本付録では、共同行動に関するゲーム理論についての簡単な事例を何点か簡潔に紹介する。Sandler（1992）ではより詳細な理論的説明を行っている。以下で紹介する事例は、フリーライダー問題のため、公共財の社会的に最適な供給は困難であるが、ある一定の条件の下では、共同行動による供給が可能であることを示している。メンバー間のコミュニケーションと信頼、繰り返される協力の機会、協力から得られる便益の大きさといった要因が共同行動に参加するかどうかの要素となる。また、制裁やメンバー間の自発的な合意も協力を容易なものとし、農業関連の公共財の供給を確かなものとすることができる。

A.1.　囚人のジレンマ

「囚人のジレンマ」は、個人が協力せず個人行動をとった際に、なぜ結果が社会的に部分的なものに留まるのか、社会最適化を図るのが難しいのか、というのを説明するのに一般的に用いられる。ゲーム１（**付録表A.1.**）はOECD（2001）を基に作成したものである。各個人は貢献する（貢献費用８）か貢献しない（貢献費用0）を選択することができる。もし１人だけが貢献した場合、非競合的、非排他的な利得は「６」となるが、両者が協力した場合は利得が「12」となる。従って、仮に１人が貢献した場合、貢献した者の利得は「４（=12－８）」となり、一方、貢献しなかった者の利得は「６」となる。両者が貢献した場合は、総利得は「12」となり、各個人の利得は「４

付録表 A.1. ゲーム 1 （囚人のジレンマ）

A の戦略＼B の戦略	貢献しない	貢献する
貢献しない	0, 0 （支配戦略）	6, −2
貢献する	−2, 6	4, 4

出典：OECD（2001）.

(=12-8)」となる。この利得行列では、各項目の左側の数字はプレイヤーAの利得を指し、右側の数字はプレイヤーBの利得を指す。明らかにこのゲームでは、各プレイヤーの支配戦略は「貢献しない」となる。なぜなら、もう1人のプレイヤーが貢献するしないに関わらず、「貢献しない」が「貢献する」より多くの利得をもたらすからである。しかし、この結果はパレート最適ではない。両者が貢献したときに社会的最適点（2人のプレイヤーの合計利得）となり、利得は「4」ではなく「8」となるが、仮に1人しか貢献しないと、非貢献者が得をし、貢献者が損をすることとなる。

このゲームは、プレイヤー間のコミュニケーションの重要性を示している。仮に両者が貢献することについて合意することができれば、両者は社会的最適点を達成することができるからである。しかし、「ただ乗り」することによって利得を増やすことができることから、「裏切り」のリスクがある。これは、両者が貢献することについての合意が本質的に不安定であることを示している。このため、社会的最適点を達成するためには、約束をより確固たるものとすることができる信頼と社会規範が重要となるのである（Dowling and Chin-Fang, 2007）。

A.2. 繰返しゲーム

ゲーム1は1回だけのゲームだったが、実際には、共同行動は一連の連続

する行為を伴い、ゲームが繰り返されるかどうかは、各プレイヤーの戦略にも影響する。もし、ゲームが何回繰り返されるのかがわかれば、「バックワードインダクション」と呼ばれる方法で、戦略を選ぶことができる。仮にゲーム1が10回繰り返されるとしよう。そうすると、最後の回は1回だけのゲームとみなすことができるので、支配戦略は「貢献しない」となる。次に9回目のゲームに戻ると、やはり「貢献しない」が支配戦略となる。なぜなら、仮にプレイヤーAが貢献したとしても、プレイヤーBは貢献しない方が利得が高くなるので、「貢献しない」を選択し、10回目のゲームでは両者ともに「貢献しない」を選択するからである。同様のことが、8回目のゲーム、7回目のゲームと当てはまることから、ゲームの回数が決まっている繰返しゲームでは、「バックワードインダクション」により両プレイヤーともに「貢献しない」を選択することとなる。

一方、何度も無限に繰り返されるゲームでは事情が異なる。この場合、プレイヤーは「バックワードインダクション」を使うことができず、彼らは「貢献する」ことが長期的にはより大きな利得をもたらすことを知っているかもしれない。このため、無限に繰り返されるゲームでは、協力の可能性が生じることとなる。さらに、人は必ずしも長期的な見通しをもたず、短期的に物事を考える傾向がある。このため、期限がある繰り返しゲームであっても、実際には、プレイヤーは「貢献する」を選択するかもしれない。しかし、多くの研究室が繰返し行なわれる公共財について実験したところ、フリーライダー問題が生じることを指摘している（Ledyard, 1995）。協力の利得に関する研究は広範囲に及ぶことから、その全てを議論することは本書の対象の範囲を超えるものとなる。以下の3つのゲームは協力が生じる可能性がある状況を簡単に説明したものである。

A.3. 特権ゲーム

　公共財ゲームにおいて、もし個人が自らの貢献から十分な利得を受けることができるのであれば、自発的に公共財の共同供給を行う可能性がある (Dowling and Chin-Fang, 2007)。ゲーム 2 (**付録表A.2.**) はOECD (2001) を基に作成したものである。このゲームでは、もし利得が十分に高ければ、自発的な公共財の供給が起こりうることを示している。このゲームでは、プレイヤー各自は、貢献に伴う費用が「6」で、当該貢献は非排他的かつ非競合的な利得を「8」生み出す。仮に両者が貢献するとすると、総利得は「16 (= 8 + 8)」となり、各プレイヤーの利得は「10 (=16 − 6)」となる。この場合、他のプレイヤーが貢献するかどうかにかかわらず、自ら貢献することがより多くの利得をもたらすことから、「貢献する」が支配戦略となる。このゲームは「特権ゲーム (Privileged game)」と呼ばれる。これは、「個人の貢献が貢献者に利得をもたらす際には、公共財問題は必ずしもパレート最適ではない結果とはならないことを示している (Cornes and Sandler, 1996)」。この場合、協調に関する合意がなくても、共同行動が成立するかもしれない。

付録表 A.2. ゲーム 2 （特権ゲーム）

Aの戦略 \ Bの戦略	貢献しない	貢献する
貢献しない	0, 0	8, 2
貢献する	2, 8	10, 10 （支配戦略）

出典：OECD (2001).

A.4. 協調ゲーム

ゲーム1と2では支配戦略が存在した。しかし、ゲーム3（**付録表A.3.**）では、支配戦略が存在しない。支配戦略が存在しない場合は、「ナッシュ均衡」という均衡概念がしばしば使われる。ナッシュ均衡は、他のプレイヤーの戦略を前提に、各プレイヤーが最良となる戦略をとっている戦略の組み合わせと定義される（Dowling and Chin-Fang, 2007）。ゲーム3では2つのナッシュ均衡、すなわち、「ともに貢献する」と「ともに貢献しない」が存在する。

ゲーム3は閾値付/非線形公共財の例である（図2.2.参照）。この公共財の価値は、供給量が最低レベルを越えると著しく増加する。このゲームでは、各プレイヤーは貢献するのに費用が「6」かかり、その貢献によって非排他的かつ非競合的な「3」の利得を生み出すことができる。しかし、仮に双方のプレイヤーが貢献する場合には、この生産された公共財の価値は「8」となる。このため、仮に1人のプレイヤーが貢献する場合は、貢献したプレイヤーの利得が「－3（＝3－6）」となり、貢献しなかったプレイヤーの利得が「3」となる。仮に両者が貢献した場合は、ゲームの総利得は「16（＝8＋8）」となり、各プレイヤーの利得は「10（＝16－6）」となる。このゲームでの課題は、フリーライダーを防ぎ、いかにして両者を貢献させ、社会的な最適解を達成するかという点である。しかし、もし現状が「貢献しない」であるとすると、どちらのプレイヤーも、相手がただ乗りするおそれがある

付録表 A.3. ゲーム 3 （協調ゲーム）

Aの戦略 \ Bの戦略	貢献しない	貢献する
貢献しない	0, 0 （ナッシュ均衡）	3, －3
貢献する	－3, 3	10, 10 （ナッシュ均衡）

付録表 A.4. ゲーム 4 （制裁）

A の戦略＼B の戦略	貢献しない	貢献する
貢献しない	−10, −10	−7, −3
貢献する	−3, −7	10, 10 （支配戦略）

ことから、一方的に貢献しようとする動機をもたない。

　この問題を解決する1つの方法は制裁制度を導入することである。**付録表A.4.**は簡易な制裁システムを導入したものである。もしプレイヤーが貢献しなかった場合は、当該プレイヤーは「10」の制裁金を支払わなければならない。この制裁システムの導入の結果、ゲームを変えることができ、「貢献する」が支配戦略となる。この例は、もしゲームのルールを変えることができれば、共同行動による公共財の供給が可能であることを示している。しかし、ここで重要なのは、「誰が」制裁を実行するのかという点である。加えて、制裁よりも自発的な貢献が望ましいのは言うまでもない。次の例は、この自発的な貢献のゲームの例である。

A.5.　拘束力のある契約

　フリーライダーを防止するために参加者自ら設計した拘束力のある契約は、囚人のジレンマを克服することができる場合がある。ゲーム5（**付録図A.1.**）はOstrom（1990）を基にGame 1の利得と同じものを使用したものである。ゲーム5では、プレイヤー間の契約履行にかかる費用を表すパラメーター e が導入されている。プレイヤーは拘束力があり、履行が求めらる契約作成に同意するかどうかを決めることとなる。ここでは、契約履行に関する費用を各プレイヤーが均等に負担する場合においてのみ、契約が成立すると仮定している。そうでないと、プレイヤーは契約が不公平なものだとみなし、

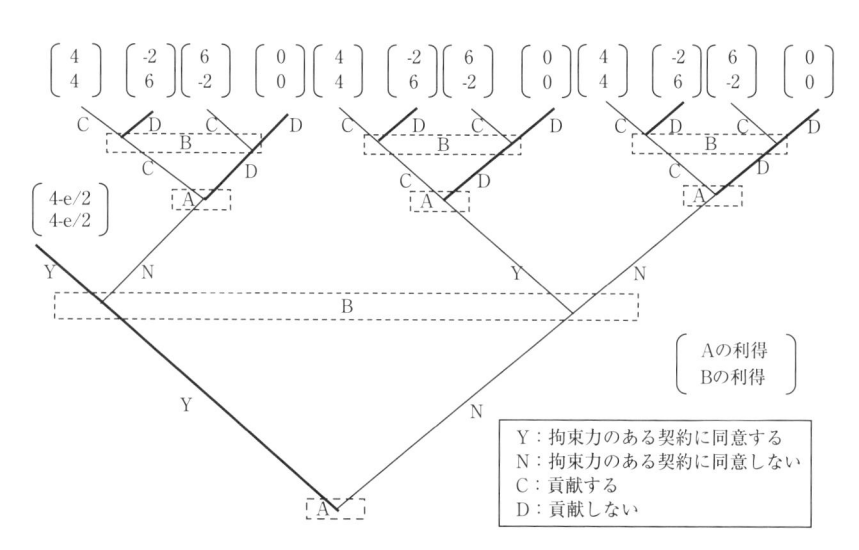

付録図 A.1. ゲーム5（拘束力のある契約）

出典：Ostrom（1990）から作成。

同意しないこととなる。このゲームは、「バックワードインダクション」によって解くことができる。合意がない場合は、ゲームの解は「貢献しない」ということになり、利得が生まれない。しかし、拘束力のある契約が締結された場合は、プレイヤーの利得は「$4-e/2$」になる。もし、契約履行に関する各プレイヤーが負担する費用「$e/2$」が「4」より小さければ、プレイヤーは契約に合意するであろう。この契約履行にかかる費用「e」は、明らかに、信頼の程度がより高い場合や各プレイヤーが共有している社会規範がより強いものである場合ほど、低いものとなる。このゲームは、参加者自身が契約を設計し、共同行動をとることができることを示している。

参考文献

Cornes, R. and T. Sandler (1996), *The Theory of Externalities, Public Goods and Club Goods*, Second Edition, Cambridge University Press.

Dowling, J.M. and Y. Chin-Fang (2007), *Modern Developments in Behavioral Economics: Social Science Perspectives on Choice and Decision*, World Scientific Pub Co Inc.

Ledyard, J. (1995) , "Public Goods: Some Experimental Results", in J. Kagel and A. Roth (eds.), *Handbook of Experimental Economics*, Princeton University Press, Princeton, NJ.

OECD (2001), *Multifunctionality: Towards an Analytical Framework*, OECD Publishing, Paris. DOI: 10.1787/9789264192171-en.

Ostrom, E. (1990), *Governing the Commons: The Evolution of Institutions for Collective Action*, Cambridge University Press, New York.

Sandler, T. (1992), *Collective Action Theory and Applications*, The University of Michigan Press, Ann Arbor.

執筆（訳者）紹介

植竹 哲也（うえたけ てつや）

　1979年東京都生まれ。2002年一橋大学法学部卒業（専攻・国際関係）。2008年ミシガン大学公共政策大学院修了（修士・公共政策学）。2003年農林水産省入省。総合食料局、大臣官房、経営局を経て、2011年よりOECD貿易農業局環境課農業政策アナリスト。2014年より農林水産省国際部経済連携チーム課長補佐。

　主な著書・論文に『Public Goods and Externalities: Agri-environmental Policy Measures in Selected OECD Countries』(2014, OECD),『Agri-environmental Resource Management by Large-scale Collective Action: Determining KEY Success Factors』(2014, *The Journal of Agricultural Education and Extension*, iFirst, 1-16.)

農業環境公共財と共同行動

Providing Agri-environmental Public Goods through Collective Action

定価はカバーに表示してあります

2014年10月31日　第1版第1刷発行

　編　　者　OECD（経済協力開発機構）
　訳　　者　植竹哲也
　翻訳協力　Eurideas Linguistic Services
　発行者　鶴見治彦
　発行所　筑波書房
　　　　　東京都新宿区神楽坂2-19　銀鈴会館　〒162-0825
　　　　　電話03（3267）8599　www.tsukuba-shobo.co.jp

印刷/製本　平河工業社
ISBN978-4-8119-0449-8 C3033